陨石
观察笔记
张培华 / 著 九十莛 / 绘

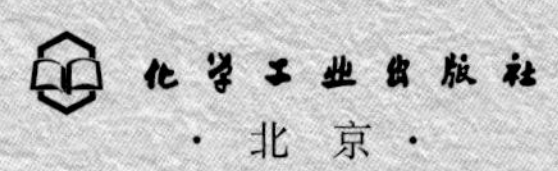
化学工业出版社

· 北 京 ·

图书在版编目（CIP）数据

陨石观察笔记 / 张培华著. —北京：化学工业出版社，2024.5

ISBN 978-7-122-45267-2

Ⅰ. ①陨… Ⅱ. ①张… Ⅲ. ①陨石－青少年读物 Ⅳ. ①P185.83-49

中国国家版本馆 CIP 数据核字（2024）第 056479 号

责任编辑：龚 娟 肖 冉　　装帧设计：王 婧

责任校对：边 涛　　插 画：九十荩

出版发行：化学工业出版社（北京市东城区青年湖南街 13 号 邮政编码 100011）

印 装：盛大（天津）印刷有限公司

710mm × 1000mm 1/16 印张 14½ 字数 100 千字 2024 年 6 月北京第 1 版第 1 次印刷

购书咨询：010-64518888　　售后服务：010-64518899

网 址：http://www.cip.com.cn

凡购买本书，如有缺损质量问题，本社销售中心负责调换。

定 价：68.00 元

序

《陨石观察笔记》是张培华老师根据多年青少年天文科普教育经验撰写的一部佳作。本书以小读者喜爱的漫画形式，将亲身经历的故事与陨石知识融合在一起，通过观察、比较、提问、实验等科学方法，进行探究式学习，引导小读者在实践中探源溯流、大胆想象，培养他们辨析真伪的能力。他这种兼顾实践与创新的科普方法，是对“启迪好奇心，培育想象力，激发探求欲”的青少年科普理念的普及，做了一次有益的尝试，也为早期培养创新人才提供了参考路径。

本书对陨石的起源、观察、分类等多方面进行了深入挖掘，生动地讲述了藏在陨石里的科学知识，并揭示了其科学本质。由此，不仅激发了小读者对陨石的兴趣，还让小读者学会从陨石这个很小的视角去探索大宇宙的奥秘。同时，引导小读者学会深度学习、深度思考，培养小读者好问决疑和全面思考的习惯。

如何读书？如何读好这本书？家长和老师的引导是不可缺少的。因为父母是孩子们成长过程中最好的伴侣，老师是他们最可信赖的园丁。无论是父母还是老师，不仅要鼓励孩子们多读书，还要教会他们读书的方法。要让他们知道读书不仅是学习知识，更重要的是学习思维与方法；要让他们知道“是什么”，还要知道“为什么”。家长和老师引导孩子从小对读书产生兴趣，将是他们探索未知世界时取之不尽，用之不竭的动力。

如今，我国正处于新一轮科技革命和产业变革深入发展的历史交汇期，科普领域在理念、内容、方法上发生了巨大变革。但始终不变的是，科普要从娃娃抓起。我们应在鼓励小读者学习知识的同时，帮助他们培养多元化思维，而书中所体现的跨界思维、超前思维、辩证思维、批判性思维等，正是对这一科普理念较好的诠释。

愿我们的科普更美好！

李象益

2024 年 3 月

李象益：教授，世界科普领域最高奖“卡林加奖”获奖者，中国自然科学博物馆协会名誉理事长，中国科技馆原馆长。

自序

陨石是真正的天外来客，是流星体没有烧尽的部分落在地球上的残骸。早期的人类，曾利用铁陨石打造兵器；现在的科学家，能够利用专业设备探索陨石带来的宇宙信息，为生命的起源、行星的构造、太阳系的演化研究提供线索。

我对流星及陨石的认知源于上小学时的一次奇特的经历。

那时的我经常和好友一起到离家不远处的空地去玩，有一天我们不仅看到了火流星，还听到了它爆炸的声音。可惜的是，当年我并不懂流星和陨石的关系，只觉得神奇。现在回忆起来，当时应该落下了陨石。

后来我当了老师，先后成立了天文小组、天文社团，现在还在做科普工作，经常开展天文活动，也多次组织青少年观测流星雨。

2001 年我带学生观测狮子座流星雨的时候，也出现了一颗极亮的火流星。可惜我正低头换胶卷，错失了亲眼看见的机会，同学们也没能把它记录下来。

作为天文爱好者的我一直梦想着能亲自找到陨石，可惜始终未能如愿。不过我也有与疑似陨石擦肩而过的经历。在坝上草原，我们可能捡到了一块陨石，不过由于害怕陨石有辐射，捡到的人把它扔掉了，这些事例在书中都有体现。

这本书的内容，都来自我们多年的实践。无论是观测流星雨、观察陨石还是鉴别陨石，都是我和身边人的亲身经历。包括在 2022 年 12 月 15 日坠落的檀溪陨石，我也带着学生看过、拿过、拍摄过。书中的照片大部分是我们拍摄的高清照片，方便大家观察陨石的细节特征。

书中的陨石有我的收藏，但更多来自北京的陨石收藏家朱豪先生、梅华先生，以及中国地质博物馆、北京天文馆的展品。在此一并表示感谢！

近年来，我国陨石市场不断繁荣，陨石爱好者不断增加。陨石作为太阳系信息的携带者，不仅发挥着科研、科普职能，为天体化学、行星科学研究提供支撑，还逐渐进入寻常百姓家，作为收藏品、纪念品和装饰品出现，是少有的集科学、技术、文化与艺术于一身的综合性载体。

遗憾的是，目前的陨石科普还没有得到广泛的推广，由于陨石知识的专业性和复杂性，很多错误信息充斥于网络，很多陨石赝品混迹于市场。

陨石科普要从娃娃抓起，这本书的文字量不大，呈现方式力求生动活泼，希望能让更多的青少年喜欢，让对陨石感兴趣的大众读者也能够在忙碌的生活中轻松地阅读。希望它能传播正确的陨石入门知识，让大家不再被错误的说法迷惑。

此书献给所有陨石科普者和陨石爱好者！

张培华

2023 年 3 月

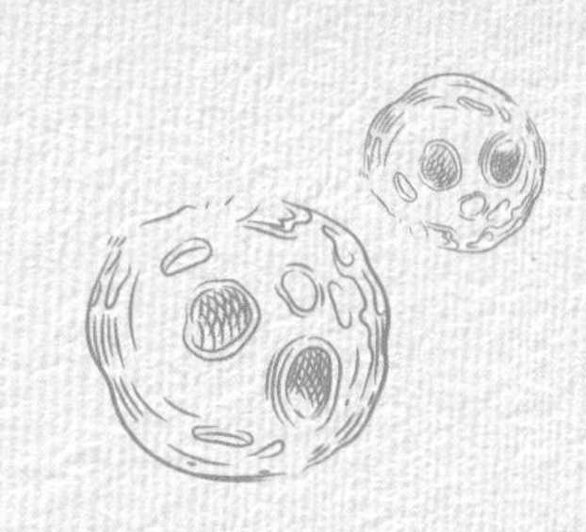

人物介绍

阿卓：

星星小学四年级一班学生，古灵精怪，充满好奇心

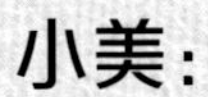

小美：

星星小学四年级一班学生，聪明伶俐，学习认真细致

大雄：

星星小学四年级一班学生，有时候会提出一些怪问题

张老师：

科学老师，天文、地理都很擅长，会耐心解答孩子的问题

目录

第一章　什么是陨石？——坠落人间的星星

第二章　哪里有陨石？——随机与有迹可循

第三章　怎样“看”陨石？——观察陨石的特征

发现于南极

第四章　常见的石陨石观察

第五章　常见的铁陨石观察

发现于新疆阿勒泰

第六章　常见的橄榄石石铁陨石观察

发现于西伯利亚

第一章
什么是陨石？

——坠落人间的星星

1 太阳系的访客——流星与流星雨

今天要去看流星雨，真是太酷了！我看过流星雨的照片，流星像雨一样落下来，那场景，想想都让人兴奋！

我想流星雨应该是这样的，好漂亮啊！

美丽的流星雨

流星在
大气层中燃烧

星空和流星真的好美！……

不过半天才等到一颗流星，而且不到一秒就没了，有点让人遗憾……说好的流星雨呢？！

你看到的流星雨照片，是把几分钟到几小时出现的所有流星都合成在一起的效果。其实一小时内出现十颗流星就可以称为流星雨了。当然，一小时飞过万颗流星的情况也出现过，不过极其罕见！

流星怎么一闪就过去了？都来不及许愿！流星为什么不像其他星星那样一动不动呢？

流星和我们看到的其他星星完全不同，严格地说，它不是一种天体，而是太阳系中的流星体进入地球大气层后，与大气高速冲击和摩擦产生高温，从而燃烧形成的一道光迹。因为大部分进入地球大气层的流星体并不大，所以一瞬间就烧尽了。

原来如此，流星从出现开始亮度增加，不到一秒又变暗消失，原来是从燃烧到熄灭的过程！

我还发现流星是有颜色的，有的发白，有的发黄，有的发绿……就像火焰也有不同的颜色……

英仙座
流星雨

我有个问题！我一直盯着英仙座的方向看，没看到多少流星，为什么他们在别的方向看到了不少流星呢？这是怎么回事？

流星雨虽然以某个星座来命名，但是并非只出现在这个星座内。流星雨是大量集中的流星体进入地球大气层形成的，在我们看来，它好像从一个点爆发出来，向四面八方飞出去。这个点被称为“辐射点”，辐射点在哪个星座，这场流星雨就被称为那个星座的流星雨。流星从辐射点飞出，会飞很远，一般而言，在辐射点外40°左右反而流星出现得更多……

不对呀，我怎么看到有些流星不是从辐射点飞出来的？

群内流星与偶发流星

你观察得非常仔细。其实在每天，都会有流星体闯入地球大气层，形成流星。不过它们往往是零散的，并不集中，所以方向随机，出现的时间也不固定。而流星雨是周期性的成群的流星体与地球相遇，所以出现的时间和位置都相对固定。那些从辐射点飞出的流星来自同一个流星体群，被称为“群内流星”，而不是从辐射点飞出的流星不属于这个流星群，我们称之为“群外流星”或“偶发流星”……

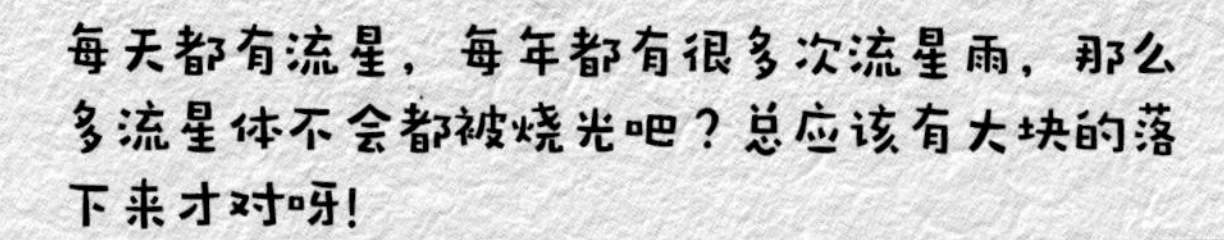
每天都有流星，每年都有很多次流星雨，那么多流星体不会都被烧光吧？总应该有大块的落下来才对呀！

多数流星体因为比较小，确实都被烧尽了，但是也会有一些直径超过1米的流星体不会很快烧尽。这样的流星体由于燃烧时间长，会更加明亮，有时还会伴随着爆炸，声音能被我们听到。天文学上规定，亮度超过-3等（星等用来表示天体相对亮度强弱的等级。天体越亮，星等的数值越小。星等可以为负数和小数。）的流星就可以称为“火流星”，有些火流星甚至在白天可以看到……

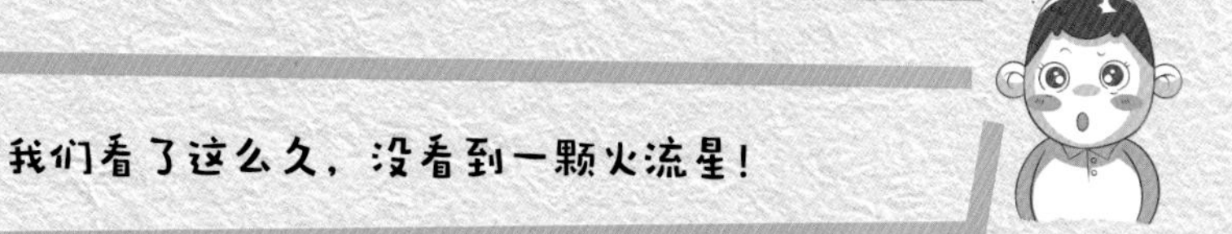
我们看了这么久，没看到一颗火流星！

火流星难得一见，我看到的也不多……

2 天空中的礼花
——罕见的火流星

张老师，给我们讲讲您看到火流星的故事呗！

第一次看到火流星的时候，我还在上小学……

那天天气非常好，我和好朋友马维到小河旁的大土堆上去玩，我们抬头看向天空，天空中飘着好多像飞机的白云。

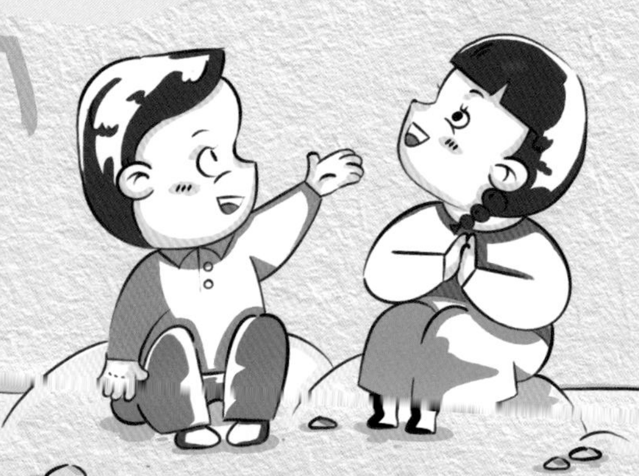

快看！天上有流星。

突然，天空中飞过一颗很大的流星，非常亮！当时是白天，可它在天空中依然非常耀眼。

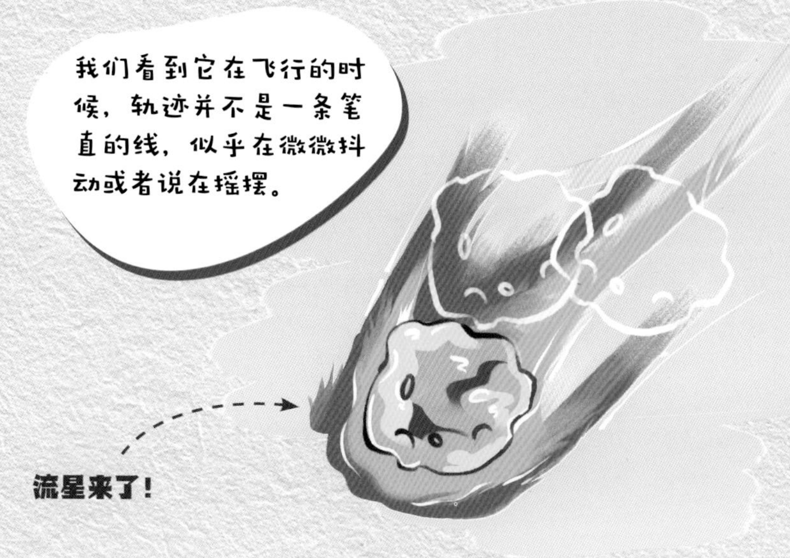
我们看到它在飞行的时候，轨迹并不是一条笔直的线，似乎在微微抖动或者说在摇摆。
流星来了！

放花了！！
哇！好漂亮！

突然，它在天空中爆炸了，像礼花那样四散开来，印象中是五彩的，非常漂亮。在这个过程中，我们还听到了呼啸声和爆炸声。

这颗流星是不是已经离地面很近了？
是的，无论从它的亮度判断，还是从我们听到的声音判断，它离地面距离都应该不远！

您有没有捡到陨石？当时有没有看到这颗陨石坠落的报道？

非常可惜，那时的我还不懂流星和陨石之间的关系，没有去找陨石，也没发现有相关报道。那时没有监控记录，很多事件没引起人们的关注就过去了。而且那时城市建设没有现在这么繁华，空地比较多，也许落在某处空地没人看到。再说它爆炸后，有没有残骸落地也不好说……

还有没有其他让您印象深刻的火流星？

那是 2001 年，我带着和平村一小的 4 名学生在怀柔观测狮子座流星雨……

这是近三年来流星最多的一次流星雨了，而且出现了几颗火流星，大家肯定都能拍摄到流星照片！
今晚的流星真多呀！有些流星还特别亮！
这一卷又照完了！
咔咔……

谁拍到这颗
火流星了？
正好我刚才没有拍摄！
我拍的方向不对！
张老师，我在帮您照明！
我拍的方向也不对！

太可惜了，这可是比闪电都亮的火流星啊！
我们看到了，它把整个院子、远山都照亮了！
张老师，换胶卷是什么意思？您和同学们为什么不一张一张连续拍摄呢？
当时还没有数码相机，照相用的都是胶卷，每个胶卷只能拍36张照片，要节约使用。每照完一卷，就要把它从相机里取出来，再替换另一个新胶卷。不巧的是，这颗火流星在我换胶卷的时候飞过，同学们也没能把它记录下来。不像现在的数码时代，只要有几台相机朝向不同的方向不停连拍，基本不会错过记录任何一颗火流星。
哦，张老师我知道了！

功夫不负有心人，相信坚持观测，每个人都有机会看到火流星！
我们拍到火流星了！
我们拍到火流星了！
我们拍到火流星了！

3 天使还是魔鬼
——我眼中的陨石

张老师，您捡到过陨石吗？
很遗憾！我始终没找到过陨石。我收藏的陨石都是买来的或朋友送的！

张老师您有陨石啊！那可是比金子都贵的宝贝呢！好羡慕……

什么？您家里有陨石？那太危险了！妈妈说陨石有辐射，千万要离远点……

看来大家对陨石还有误解。不过现在的陨石科普确实不够，有人怕辐射，有人买陨石吃亏上当留下了深深的遗憾！下面是我一个朋友的经历……

您看看这颗珠子，
是玻璃陨石做的，
当年埃及法老胸前
佩戴的“圣甲虫”
护身符就是用这
种陨石雕刻的！
15 万元就给您！
15 万元

15 万元太贵了，
15000 元我要了！
15000 元

15000元不少了……
要不是缺钱，打死我也不能卖。15000元卖你了，今天亏死了！

赚大了！听说陨石一克好几万！

嘿嘿，几分钱的玻璃球我卖了15000元！

到底谁赚到了？

张老师的朋友肯定受骗了！法老怎么可能有陨石……

法老还真有陨石！不过我的朋友确实受骗了，他买的就是普通的玻璃球！其实即便是真的玻璃陨石也不是真陨石，应该叫“冲击玻璃”，而且也不值那么多钱。大部分陨石的售价从每克几元到几十元不等，当然有稀有昂贵的陨石，一般市场上很少见。

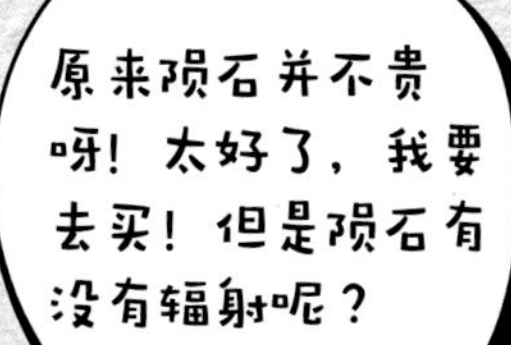

原来陨石并不贵呀！太好了，我要去买！但是陨石有没有辐射呢？

啊！竟然是这样？我被骗了好久！

我们身边的许多物质都会产生辐射，包括空气、水和我们的身体。辐射在安全范围内是没有危害的。陨石比地球上常见的矿物和岩石辐射值都小，甚至远远低于一些人造材料如陶瓷等。

其实很多人都有和你以前一样的想法，我的一个学生还错失过一块疑似陨石，那是 2019 年的国庆长假，我带同学们去拍摄星空……

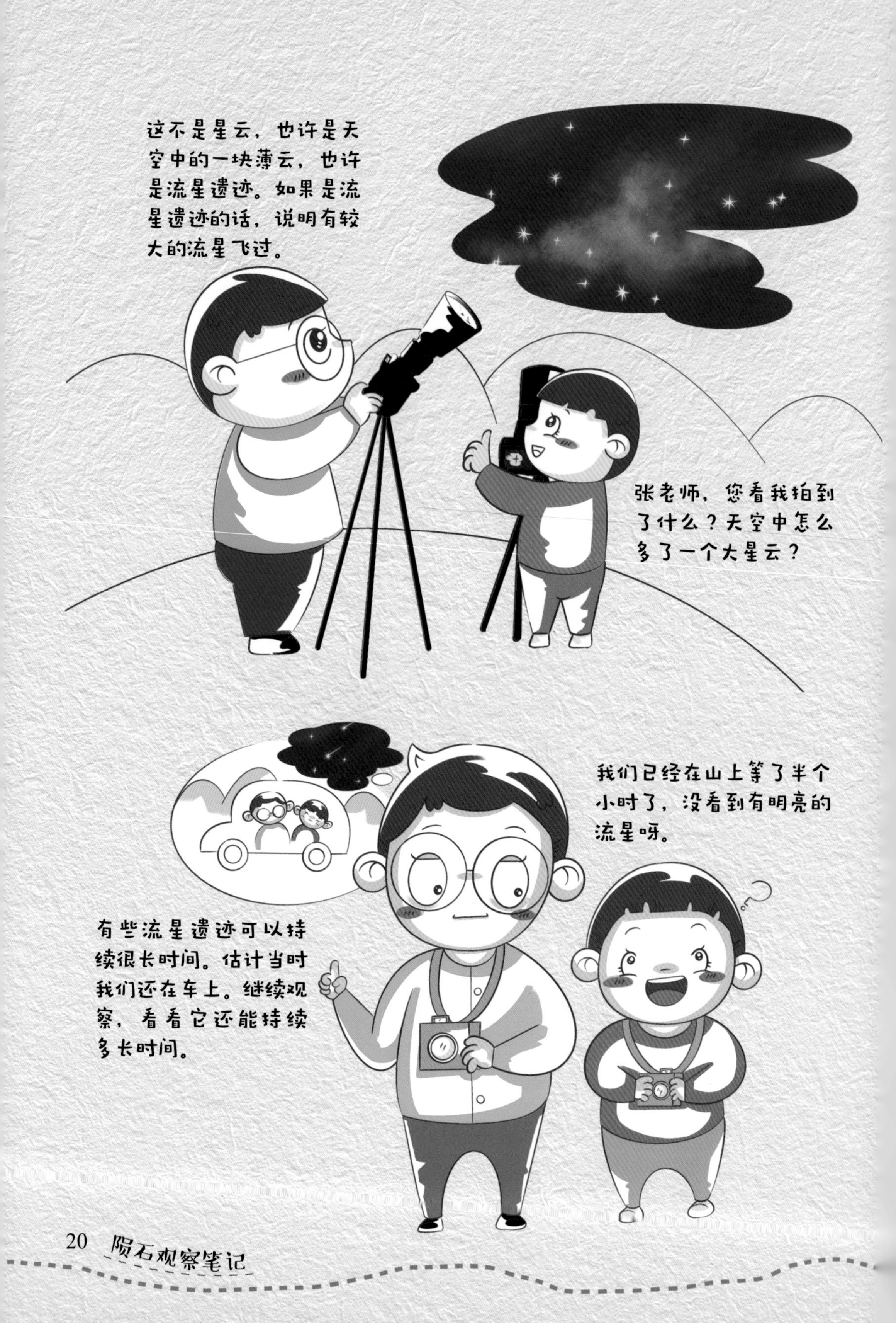
张老师，您看我拍到了什么？天空中怎么多了一个大星云？
这不是星云，也许是天空中的一块薄云，也许是流星遗迹。如果是流星遗迹的话，说明有较大的流星飞过。
我们已经在山上等了半个小时了，没看到有明亮的流星呀。
有些流星遗迹可以持续很长时间。估计当时我们还在车上。继续观察，看看它还能持续多长时间。

流星体应该很大，不过捡到陨石基本没有可能，除非我们运气爆棚！
又过了半小时，遗迹还在。是不是说明这颗流星非常大？有没有可能我们能找到落下来的陨石？

张老师您看，这会不会是昨天掉下来的陨石？上面还沾着砂土！
如果是的话，它也不是常见陨石。你一定要收好，回去我联系实验室检测一下，希望它是陨石！

我联系到实验室了，明天你把捡到的疑似陨石带来。
妈妈说陨石有辐射，她偷偷给扔了……

好可惜啊！如果它真的是陨石，一定很值钱！

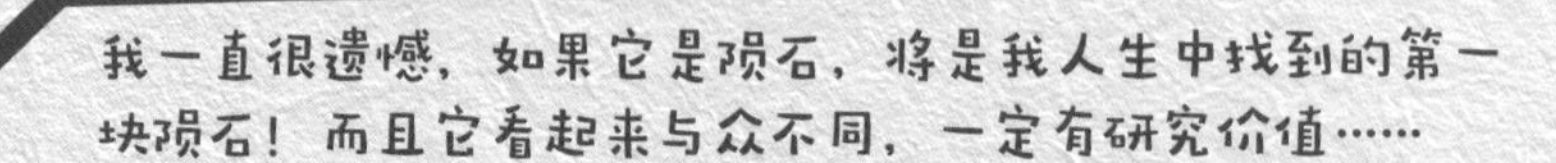

我一直很遗憾，如果它是陨石，将是我人生中找到的第一块陨石！而且它看起来与众不同，一定有研究价值……

我也特别遗憾，因为妈妈说陨石有辐射，我把叔叔送我的陨石全扔掉了……

陨石的科研价值特别大，它为我们提供了研究太阳系的宝贵信息，也为地球带来了诸多物质，甚至是生命的种子。不过，它也有可能带来灾难。6500 万年前恐龙灭绝有可能是天体撞击的结果，历史记载中，也有陨石雨造成人员伤亡的记录，任何事物都有利有弊……

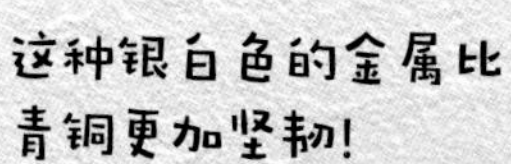
这种银白色的金属比
青铜更加坚韧!

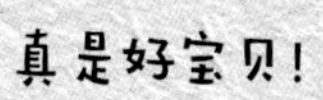
真是好宝贝!

玄铁太稀缺了，
我们可以把它镶
嵌在青铜钺的刃
部，这样能节约
材料！

在这块陨石中，
又发现了一种新
矿物！

第二章
哪里有陨石？

——随机与有迹可循

7 我身边的陨石——尝试寻找微陨石

总算看到了几次火流星！是不是也会有陨石落下来呢？

可能性不大。能够留下陨石的流星一般会更亮，持续时间也会更长……

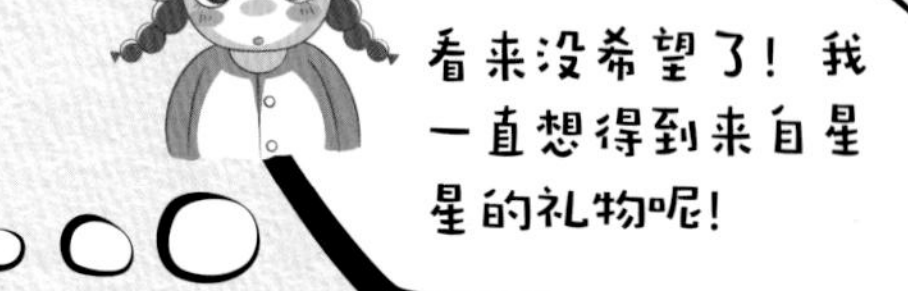
看来没希望了！我一直想得到来自星星的礼物呢！

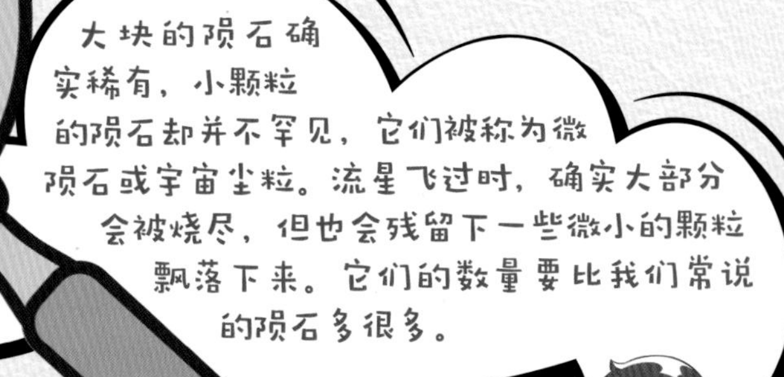
大块的陨石确实稀有，小颗粒的陨石却并不罕见，它们被称为微陨石或宇宙尘粒。流星飞过时，确实大部分会被烧尽，但也会残留下一些微小的颗粒飘落下来。它们的数量要比我们常说的陨石多很多。

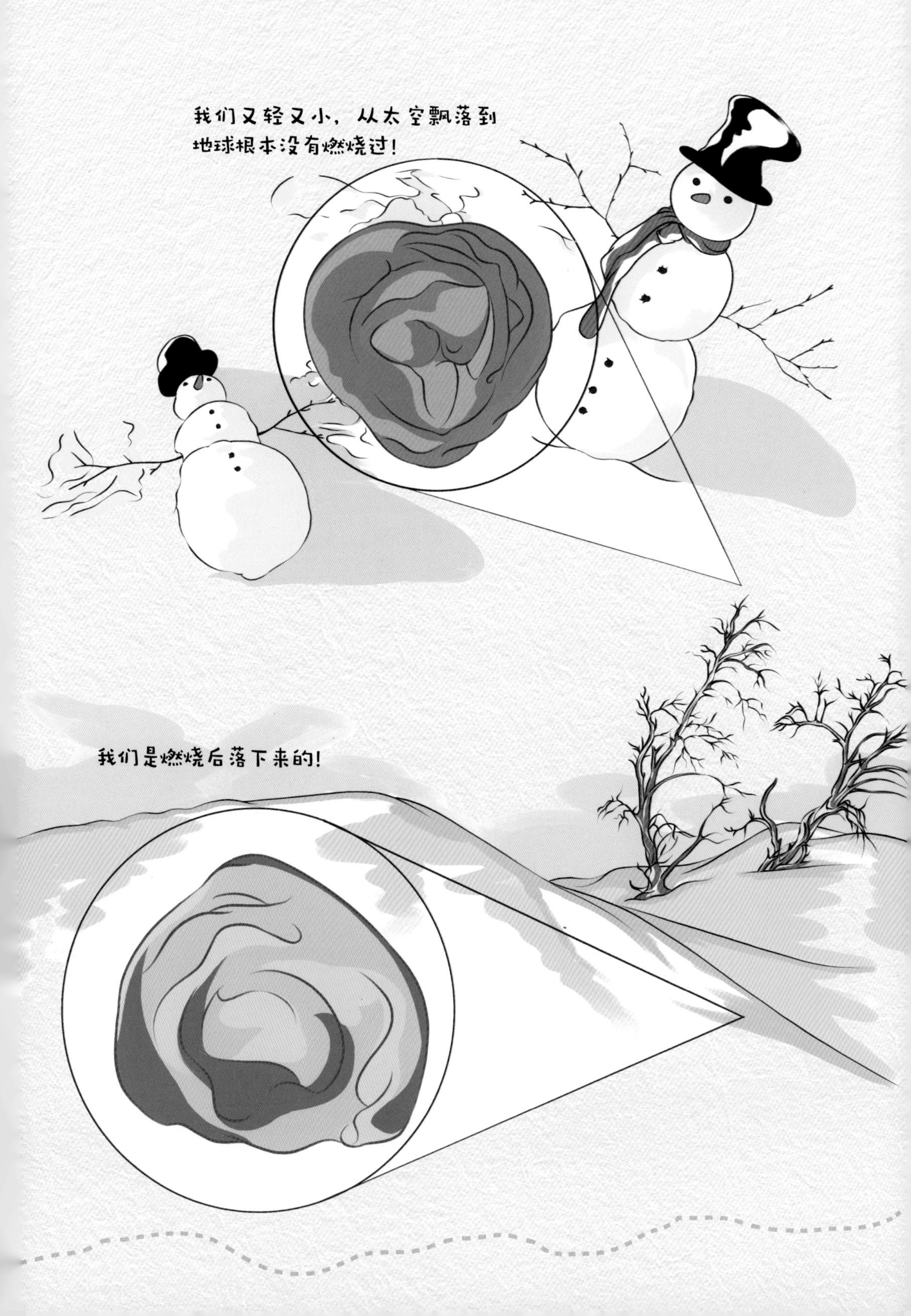
我们又轻又小，从太空飘落到
地球根本没有燃烧过！
我们是燃烧后落下来的！

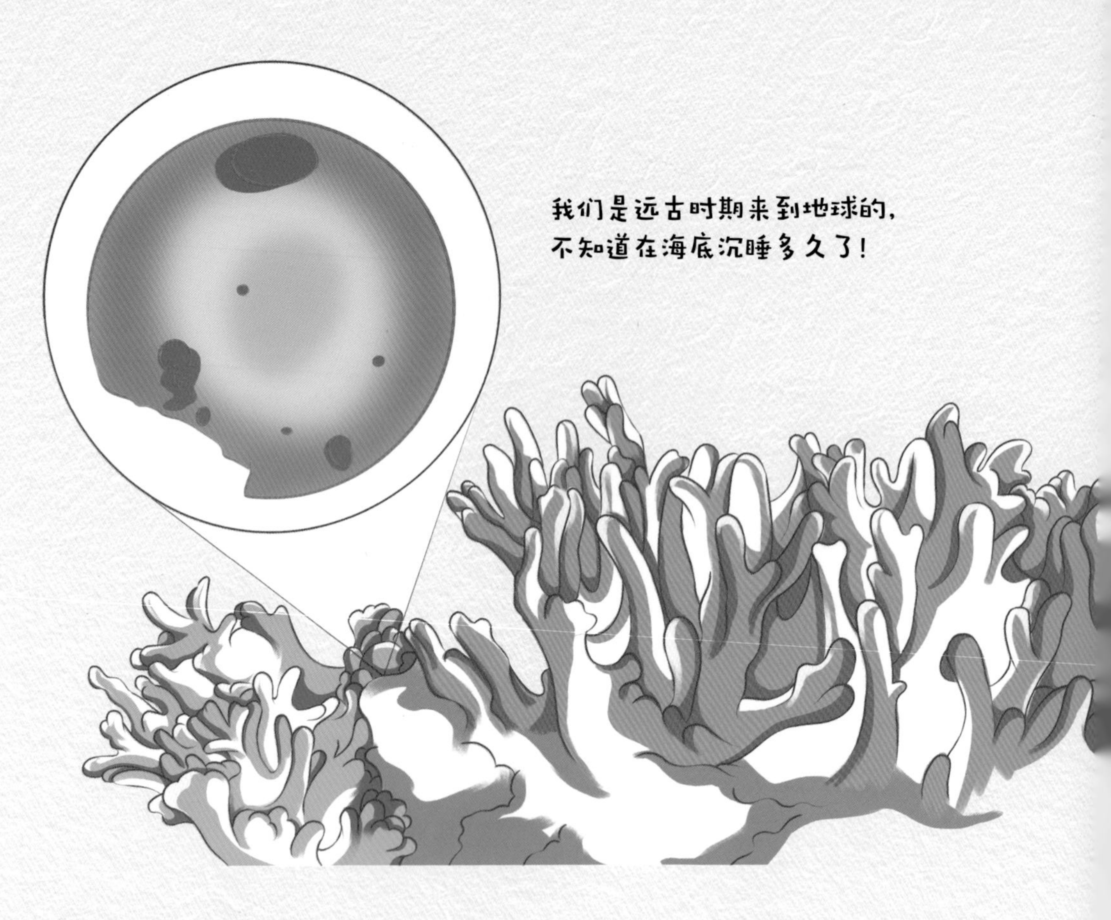
我们是远古时期来到地球的，
不知道在海底沉睡多久了！

微陨石那么小，
哪里有呢？怎么
才能发现呢？

微陨石是随机分布的，理论上哪里都有。有科学家到南极寻找微陨石，有研究者到海底采集微陨石，但实际上，我们的屋顶上，甚至衣服上都有可能落上过微陨石，只是很难分辨而被我们发现。有些人现在专门在城市里寻找微陨石呢！比如下面这个人……

天气真好，我要
在这里午餐，先
把桌子擦干净！

刚才桌子已经一
尘不染了，难道
它是从天上掉下
来的？

这是一个黑色、球状的小尘粒，
不像是风吹来的，难道真是微陨
石？我要拿给科学家鉴定一下！

经过研究，你找到的确
实是来自地球之外的微
陨石，感谢你！

张老师，我们是不是也可以去找微陨石……

找到微陨石并不难，难的是把它和其它尘粒区分开，一般来讲，我们可以这样做……

第一步 在屋顶排水管道中收集尘土装在塑料袋中备用。

第二步 清洗收集到的尘土，把浮在表面的物质倒掉，留下沉积的物质。

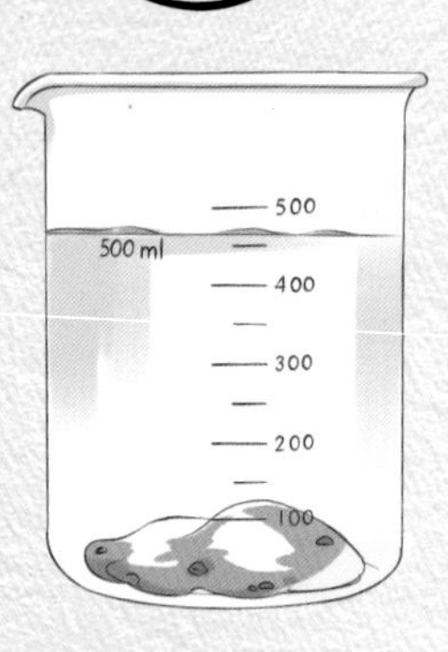
500
500 ml
400
300
200
100

第三步 用磁铁棒搅拌沉积的尘土，一部分具有磁性的物质被磁铁棒吸附。

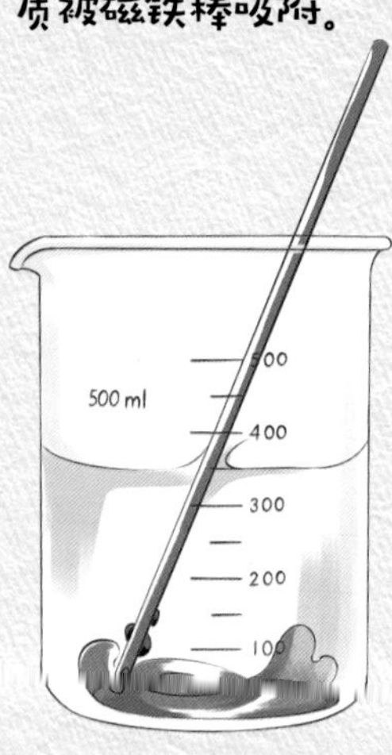
500 ml
400
300
200
100

第四步 把吸附在搅棒上的尘粒黏在载玻片或透明胶带上做标本。

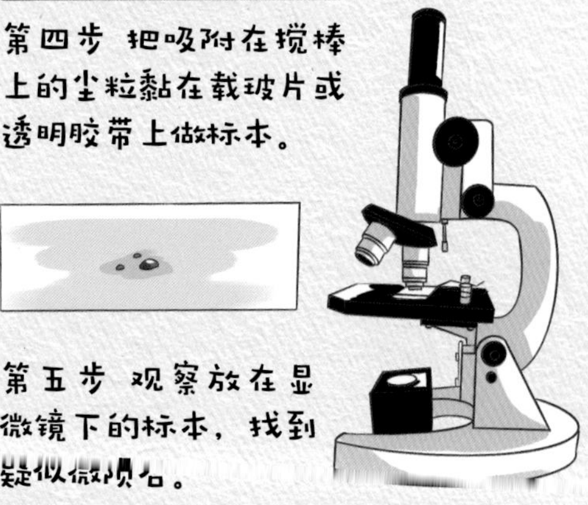

第五步 观察放在显微镜下的标本，找到疑似微陨石。

可我并不知道微陨石是什么样子啊？

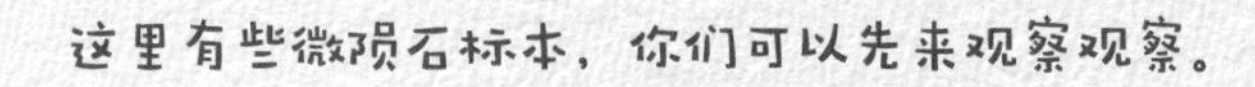

这里有些微陨石标本，你们可以先来观察观察。

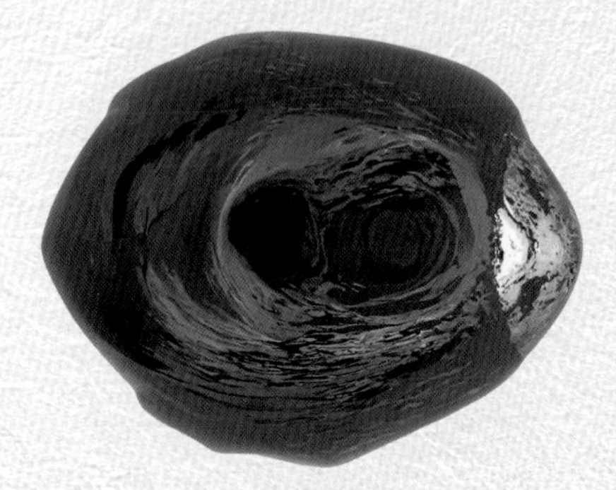

看到了！我就照着这些样子去找！

微陨石的种类比陨石要多很多，样子也要多很多，不局限在我给你们展示的这些。不过，它们还是具有一些特征的。

我们在大气中燃烧过，
我们是黑色的！

每年降落到地球表面的微陨石总量超过千吨，研究它们能够了解地外物质类型、来源和早期地球大气等情况，进而获得太阳系形成和地球演化的信息。收集和研究微陨石，是一项很有价值且有趣的活动。

我们曾熔化过，摩擦过，
所以比较圆。

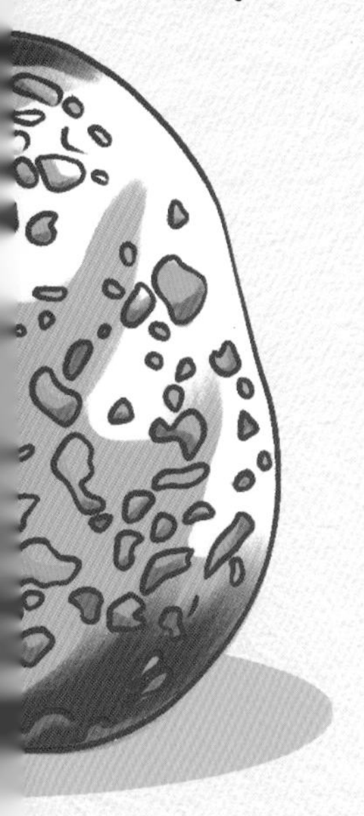

我们在空气中飞行，表
面会留下一些痕迹！

2 爱清静的陨石
——去哪里找陨石

奇怪！这些陨石都是在人烟稀少的地方被找到的，难道陨石爱清静？

陨石和微陨石一样随机降落，只不过在人烟稀少的地方更容易保存和更容易被发现……

发现于新疆阿勒泰

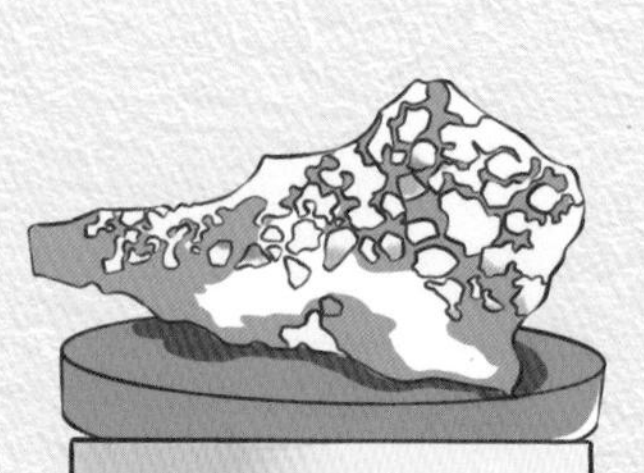

发现于西伯利亚

发现于南极

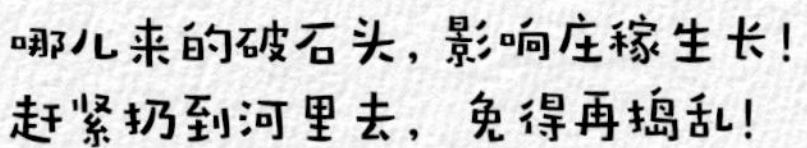
哪儿来的破石头，影响庄稼生长！
赶紧扔到河里去，免得再捣乱！

我是陨石！你们太不识货了！

我远道而来，他们却用我
来铺路！

我落在这里几万年了，
怎么还没人发现我！

我们一到地球就一头扎进海里。
这里水的面积感觉比陆地大多了。
我们恐怕没机会被发现了！

我明白了，地球上海洋面积约占 71%，还有江河湖泊等水域，大部分陨石落在水里我们找不到！

还有，陨石混在地球岩石中不容易分辨，以前人们缺乏相关知识，就算发现了也不懂得收藏和利用……

难怪陨石这么难找到！

是啊，不过也有一些地方相对容易找到陨石，特别是这个地方。

是哪儿啊？

快看，那里有一块陨石！
CHINA
南极大陆

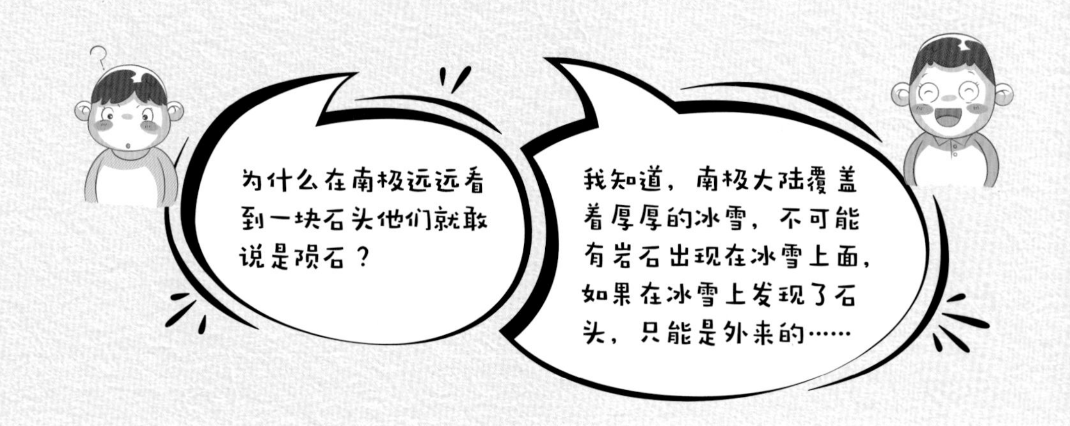
为什么在南极远远看到一块石头他们就敢说是陨石？
我知道，南极大陆覆盖着厚厚的冰雪，不可能有岩石出现在冰雪上面，如果在冰雪上发现了石头，只能是外来的……

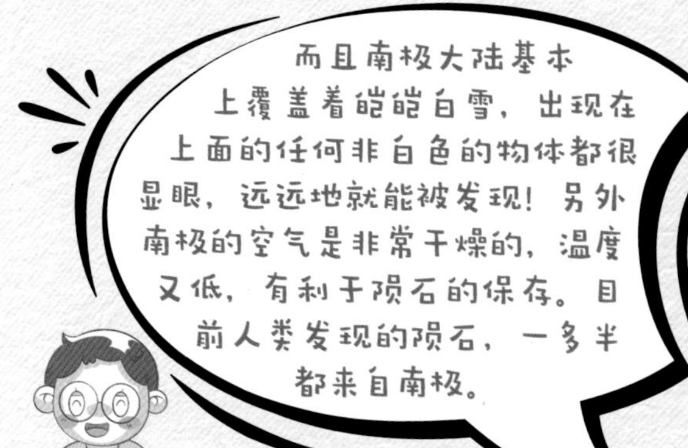
而且南极大陆基本上覆盖着皑皑白雪，出现在上面的任何非白色的物体都很显眼，远远地就能被发现！另外南极的空气是非常干燥的，温度又低，有利于陨石的保存。目前人类发现的陨石，一多半都来自南极。

冰雪不都是水吗？有水不就容易生锈吗？南极为什么干燥？陨石为什么在那里容易被保存？

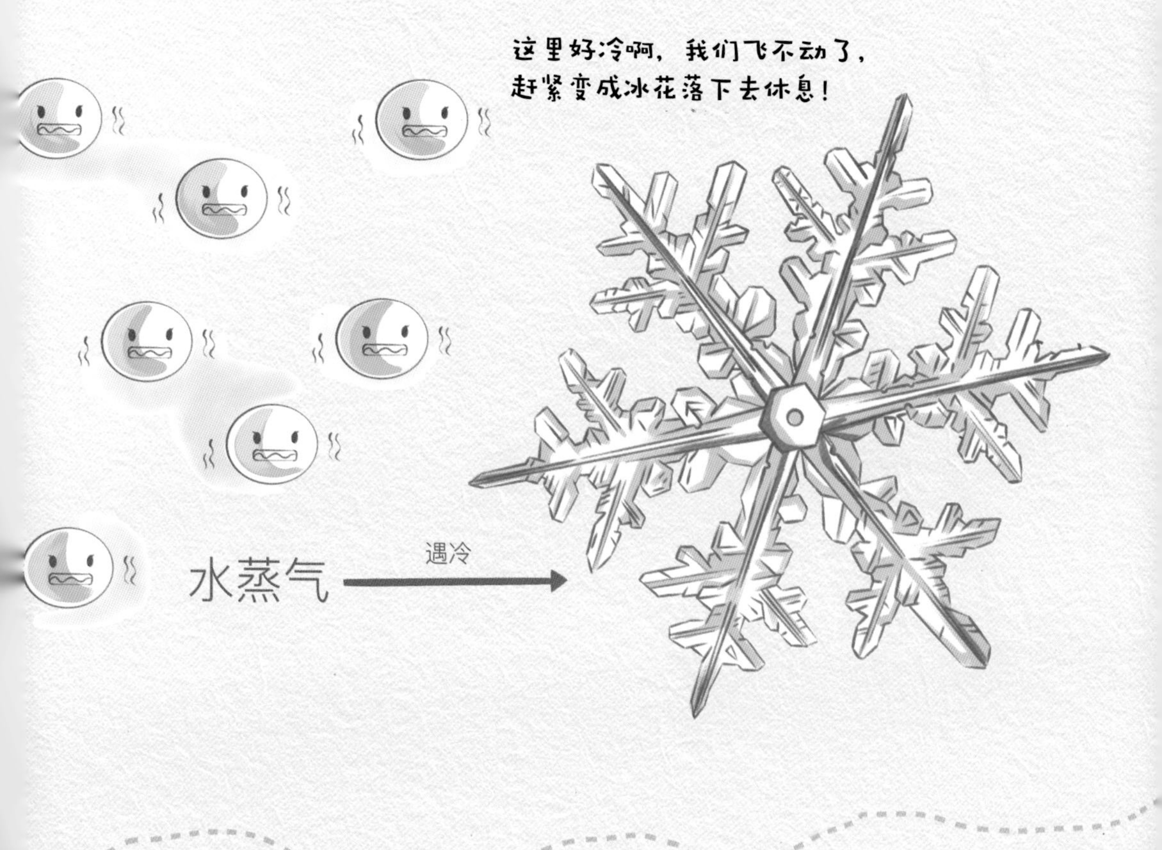
这里好冷啊，我们飞不动了，赶紧变成冰花落下去休息！
水蒸气
遇冷

你们离那么近，快走到一起去！这样就能生出铁锈了！
太冷了！我们都不想动！还是做我们自己好！
Fe
Fe
O_2
O_2
O_2
O_2
O_2
真没办法！
对了，我听说在低温下任何化学反应都会减缓！
可是也有不少陨石发现于沙漠或戈壁呀！那里夏季气温很高！
夏季沙漠高温不假，但是气候干燥，陨石不容易生锈……

你看这块石头是黑色的，还能与磁铁吸引，很可能是陨石！
它下面有生锈的迹象，基本可以判断为陨石了。

为什么下面生锈了就基本断定是陨石呢？

沙漠空气干燥，陨石的地上部分一般不会生锈。但沙子深处还是有水分的，会向上蒸发。遇到陨石，就会凝结成水附着在上面。陨石中一般含铁，遇到水就慢慢生锈了。

原来如此！沙漠中的沙子一般细碎，而且颜色很浅，如果出现大块的、深色的并且下面有锈迹的“沙子”，就很可能是陨石了。

我想在戈壁滩上、草原上也容易发现陨石，因为在那里的陨石也很显眼！

是的，其实无论在哪里寻找陨石，第一步都是先“看”，根据外部特征进行筛选，再把疑似陨石带回去进行更科学的检测。

中国有不少沙漠，我们一起去找陨石怎么样？

沙漠中找陨石是一件非常危险的事，而且找到的可能性依然非常小，你们千万不要尝试。

有没有人啊，我迷路了，救救我 ~~~
这么说我们不可能有陨石了？
那倒不是。现在陨石市场正在兴起，一些博物馆、陨石专卖店、网店都有陨石销售……

3 真假难辨的陨石
——去哪里买陨石

张老师您看，我在某网站上看到一块陨石，已经下单了。上面有明显的金属球粒！肯定是真陨石！

千万别买，这不是陨石……

假陨石

怎么会？地球上没有这样的岩石啊！而且卖家说，支持天文台鉴定！
地球上当然没有这样的岩石，它是炉渣，也就是冶炼金属时产生的废物。至于支持鉴定，在国内是个大难题……

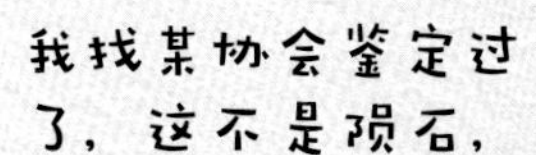
我找某协会鉴定过了，这不是陨石，退钱吧！

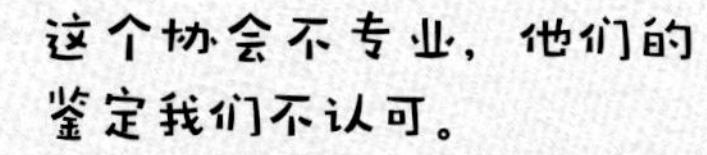
这个协会不专业，他们的鉴定我们不认可。

这次我找专业实验室
鉴定过了，绝对权威！
你的鉴定没有盖章，
我们不认可。
鉴定报告
可是实验室不给盖章啊！
看你怎么办！

怎么会这样！

网络上的陨石有真有假，鉴定特别困难，购买一定要小心。下面是一些常见的假陨石，你们好好看看，对比一下。

铁陨石

铁矿石

铁矿石

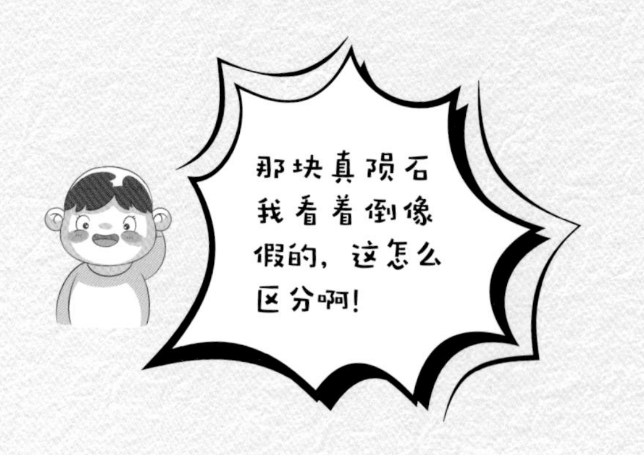
那块真陨石
我看着倒像
假的，这怎么
区分啊！

我发现真的铁陨石
里面会露出银白色，而
这块假陨石露出的是
黑色！

正确！有些人
用铁矿石冒充铁陨
石，通过看内部的
颜色一般就能区分。
看看下面这一组。

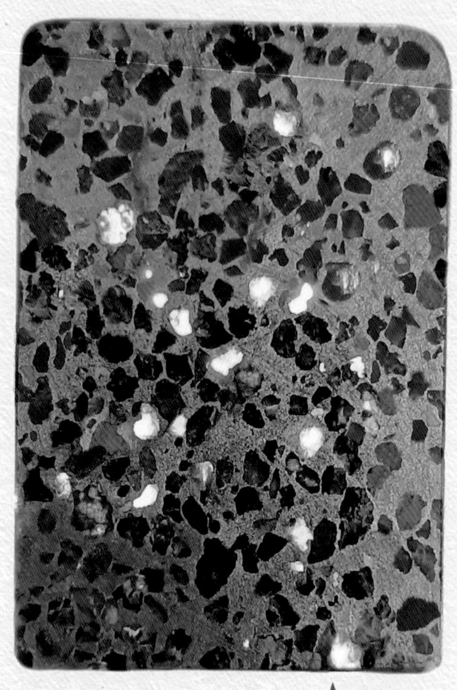

假

人造石

N
T.
1cm

橄榄石石铁陨石

真

这个我能看出来，右边的是假的，显得特别死板。

是的。现在网络上经常能看到这种东西，见过真正的橄榄石石铁陨石，就很容易能看出哪个是假的了。再看看这一组……

真石陨石

假石陨石

假石陨石

石陨石的真假应该是最难区分的。有些真陨石很像地球岩石，有些地球岩石也很像陨石。有些即便是专门研究陨石的人也无法用肉眼分辨，只能通过仪器检测。

好难啊，看不出来！

来自太空的礼物
——陨石

中国地质博物馆陨石展

网上假陨石那么多，有没有可靠的购买渠道呢？
网上也有不少真陨石，要学会分辨。更有保障的是在博物馆买陨石。比如中国地质博物馆，曾经在一层商品部销售陨石，可惜现在没有了。不过现在有些陨石专卖店也还是非常可靠的。

陨石专卖店

我还是担心买到假陨石！

是啊，我买到假陨石的那家信誉还很高呢！店铺写着“粉丝最爱”，好评级别为“超棒”，比卖真货的好评率高多了！

好吧，在陨石知识普及度低的时候，确实会出现这种情况。假陨石成本低，卖得便宜，所以好评反而多。其实无论在哪里买陨石，最好的方法还是自己能分辨真假陨石。我会在后面教大家一些方法。

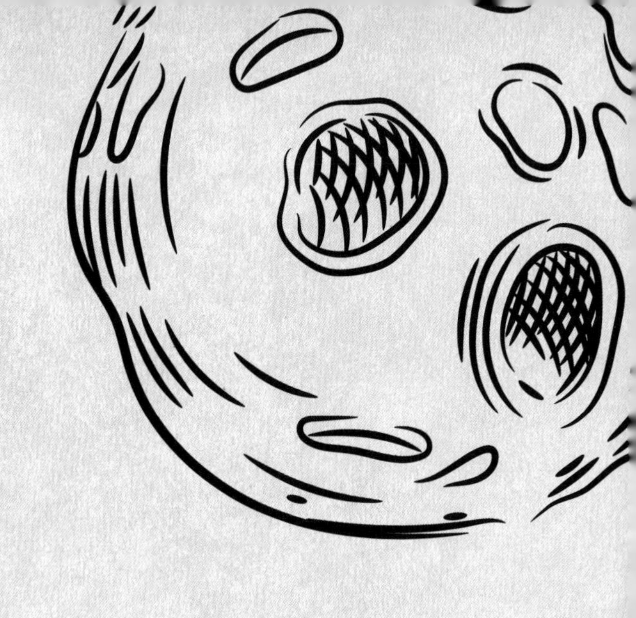

第三章
怎样“看”陨石？

——观察陨石的特征

7 陨石的外部特征观察

张老师，鉴别陨石是不是要买好多先进的仪器呀？

鉴别陨石的专业设备可不是一般人能买得起、用得了的。其实鉴别陨石的最常用方法是用眼睛观察样本是否具有陨石的显著特征。

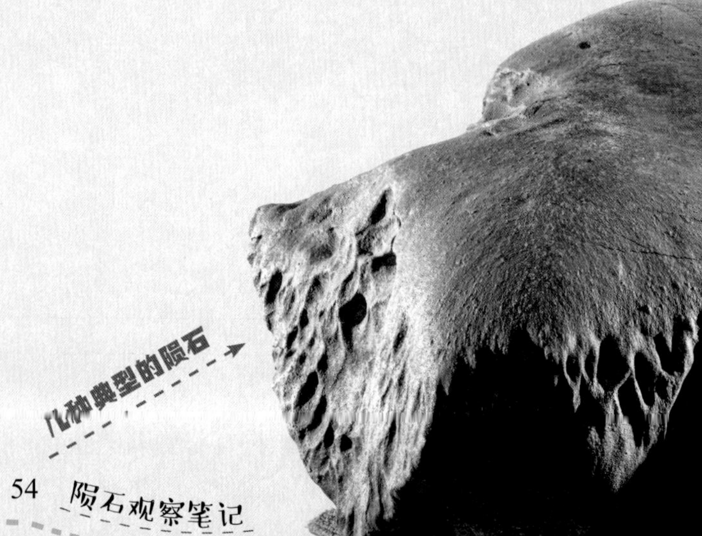

几种典型的陨石

地球上常见的岩石

仔细观察这些陨石，让我们总结一下它们显著的外部特征。

它们一般都是黑褐色的，上面还有一些凹陷……

对。那些专门从事陨石搜寻工作的人，也是先通过肉眼观察目标是否具有这样的特征来筛选疑似陨石的。

一块不规则形状的、灰色的小行星碎片飞向地球。

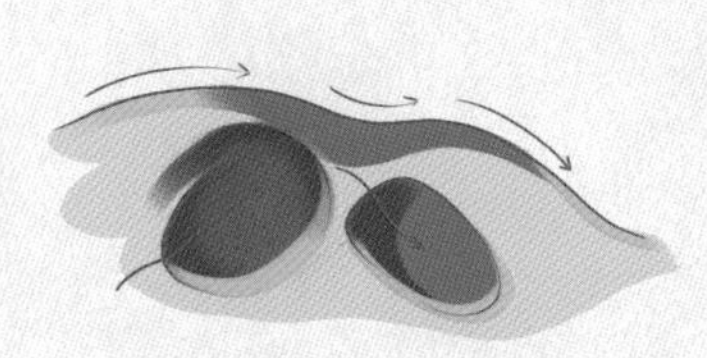

由于流星体物质分布并不均匀，熔化速度快慢不同，再加上气流的冲击和流动，会出现气印。

“啪嗒”

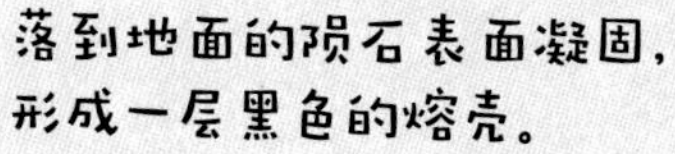

落到地面的陨石表面凝固，形成一层黑色的熔壳。

陨石碎裂后，会露出里面与外面不同的颜色。

我懂了，无论什么陨石，都要经过大气层才能落到地面，所以都有黑色的熔壳，熔壳都是黑色的，都有气印……

你说的是理想状态，但实际情况复杂得多。有些陨石在空中爆炸时已经离地面很近了，没来得及形成熔壳就落到地上；有些陨石常年风化，熔壳脱落了，也看不到熔壳；有些陨石熔壳虽然没有脱落，但由于氧化作用改变了颜色……至于气印，也不一定都有。我们还是要多观察一些陨石……

部分熔壳脱落的海头陨石

轻微生锈的巴林杰陨石

严重生锈的阿勒泰铁陨石

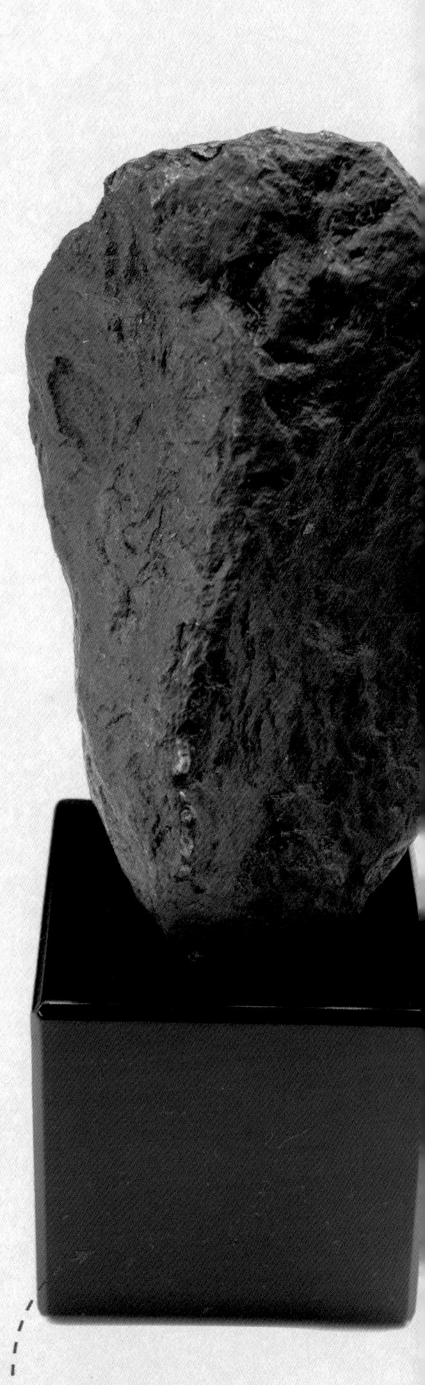

气印丰富的阿林铁陨石

气印不明显的乌拉苏铁陨石

熔壳布满龟裂纹，
接近矩形的石陨石

这块陨石的熔壳为什么有那么多裂纹？像裂纹瓷似的，是摔碎的吗？

这是龟裂纹，属于收缩纹。陨石在坠落过程中，表层燃烧熔融，之后受冷形成熔壳。石陨石的熔壳在高温遇冷收缩过程中形成了裂纹。它的形成原理和冰裂纹瓷还真的非常像……

在科学课上，老师教我们用放大镜观察物质。观察陨石是不是也可以使用放大镜？

我们用肉眼观察后，还应该用高倍、有照明的放大镜仔细观察。通过放大镜，我们会发现陨石的另外一些特征……

陨石局部放大照片

哇！这块陨石熔壳用肉眼看是黑色，但用放大镜看，上面竟然有不少银白色的反光点。

大部分的陨石中都含有铁镍金属，所以我们用放大镜观察时，常常会发现这些银白色的金属颗粒。

?!

是不是用显微镜观察，可以发现更多的陨石特征？

是的，不过用显微镜观察前，要先把陨石做成切片标本，也就是要把陨石切割、打磨成0.03毫米左右厚的薄片，这样我们才能清楚地看到它的内部结构。

陨石薄片标本

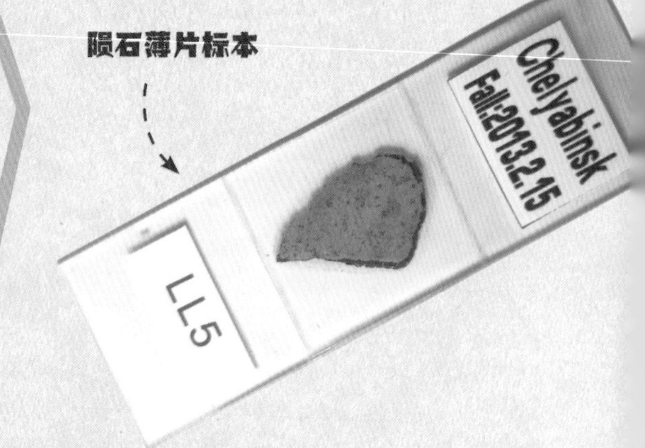

Chelyabinsk
Fall:2013.2.15
LL5

陨石也是由细胞构成的？它里面怎么有那么多圆形的细胞！

那些不是细胞，是球粒结构。这种结构也是陨石独有的，所以样本上有球粒结构的，一定是陨石。但也有些陨石没有球粒结构……

张老师，我们能不能用您的显微镜观察一下陨石切片呢？

当然没问题啦，大家一起来看看吧！

这是用矿相显微镜偏光观察的结果。用这种显微镜可以观察矿物的结构，在偏光照明下，不同矿物会呈现出不同颜色。

陨石怎么会有这么多颜色？

显微镜下的陨石薄片标本

2 简单的物理测试

没想到用眼睛看就能够分辨陨石！我学会了！

用眼睛观察只是鉴别陨石的一种手段，陨石还有一些特性，如果掌握了可以帮助我们识别陨石。陨石里一般含有铁镍金属，想一想可以怎么检测出来呢？

可以用磁铁检测！

没错！很多陨石“猎人”都会随身带一块磁铁，作为分辨陨石的辅助工具。

能被磁铁吸引就一定是陨石吗？不能被磁铁吸引一定不是陨石吗？

那倒不是。不过多数陨石是可以被磁铁吸引的，而且磁铁廉价，便于携带和操作，所以成为了业余爱好者最常用的寻找、判断陨石的工具。

这块石头会不会是陨石呢？
我用磁铁试一下！

陨石和强力磁铁
对了，张老师，那地球上的岩石是不是都没有磁性？
并不是。地球上能被磁铁吸引的岩石还是不少的，比如铁矿石和一些火成岩。甚至一些砂岩、砾岩也能被磁铁吸引。所以判断陨石不能仅靠磁铁……
有些岩石也能被磁体吸引

我又想到了一点，陨石含有铁和镍，会不会比普通的地球岩石沉呢？

是的，一般陨石的密度（单位体积质量）会比普通岩石大，这也是陨石的一个特征。
我知道地球上物体的质量可以直接称出来。可它们体积怎么测量呢？石头都奇形怪状的，不是标准的方块！
这是个问题，不过古希腊的科学家阿基米德早已经把这个问题解决了。你听过阿基米德测王冠的故事吗……

太好了！
尊敬的国王，您订制的纯金皇冠做好了！

阿基米德，我怎么
才能知道皇冠里面
有没有掺假呢？
让我想想办法！

我有办法了，物体排
出水的体积，不就是
物体的实际体积吗？

于是，阿基米德找来了和皇冠同样重的黄金，把金子和皇冠分别放在水中，发现排出的水量不一样……

看来皇冠被掺了
别的金属！

原来不规则的物体，可以用这个方法测量体积！然后再用质量除以体积，得到密度！

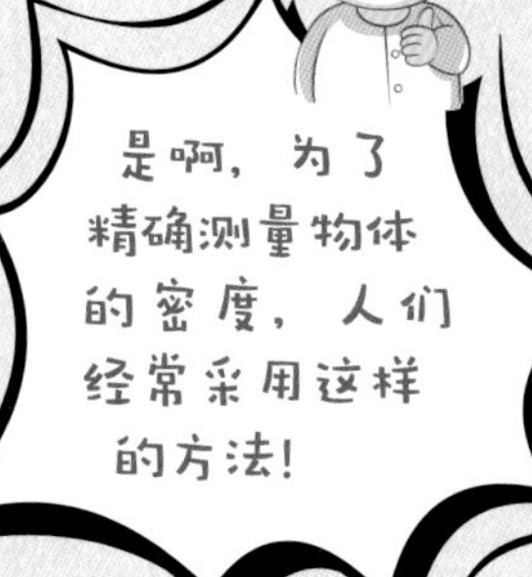
是啊，为了精确测量物体的密度，人们经常采用这样的方法！

113.7g
开/关
校准
单位
背光
打印
置零

第一步：用电子天平（精度越高越好）称出检测样本的质量。

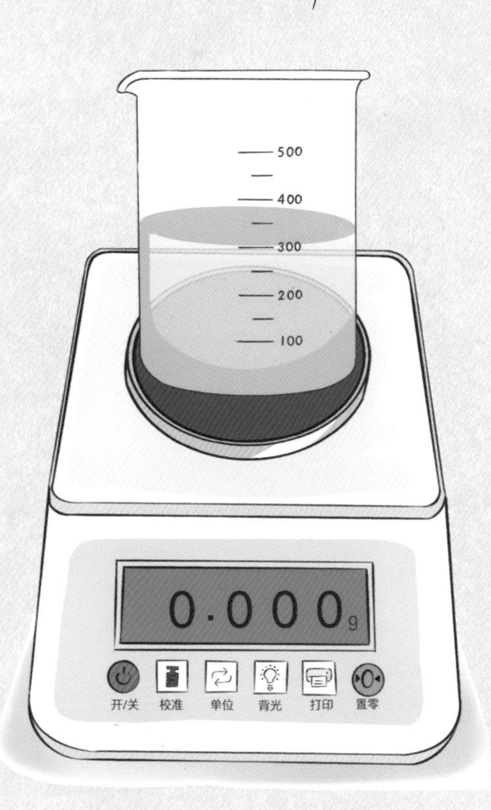
500
400
300
200
100
0.000g
开/关
校准
单位
背光
打印
置零

第二步：把半杯左右的水放在电子天平上，质量清零。

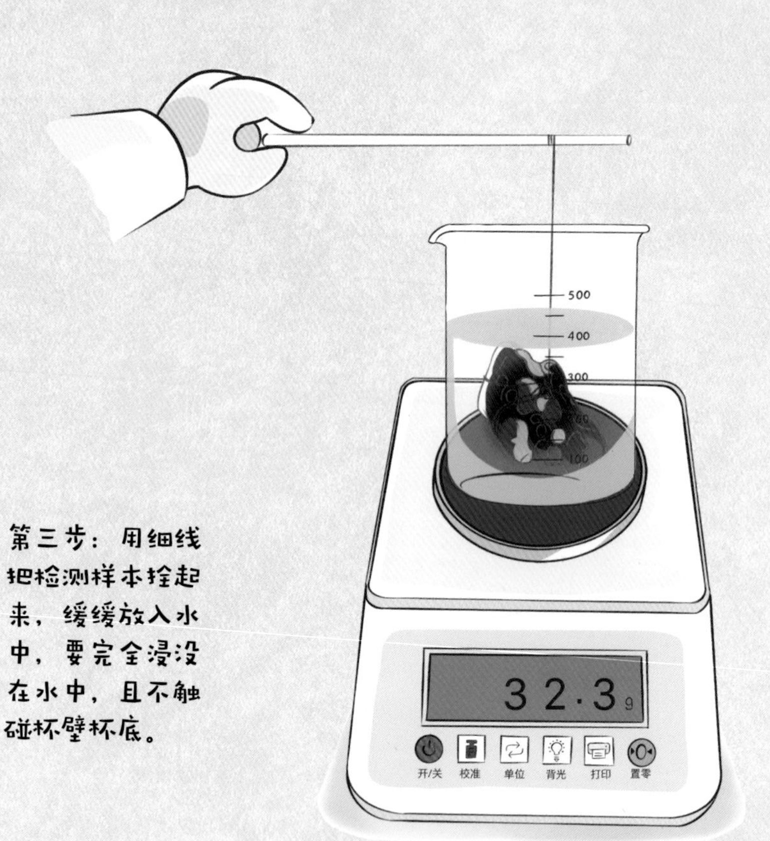
500
400
300
32.3 g
开/关
校准
单位
背光
打印
置零

第三步：用细线把检测样本拴起来，缓缓放入水中，要完全浸没在水中，且不触碰杯壁杯底。

第四步：记录电子天平示数，用样本质量除以示数，得到的就是样本密度。

虽然计算出密度了，但我们怎么才能知道它是不是有可能是陨石呢？

$$样本密度=\frac{样本质量}{示数}\quad\frac{113.7}{32.3}$$

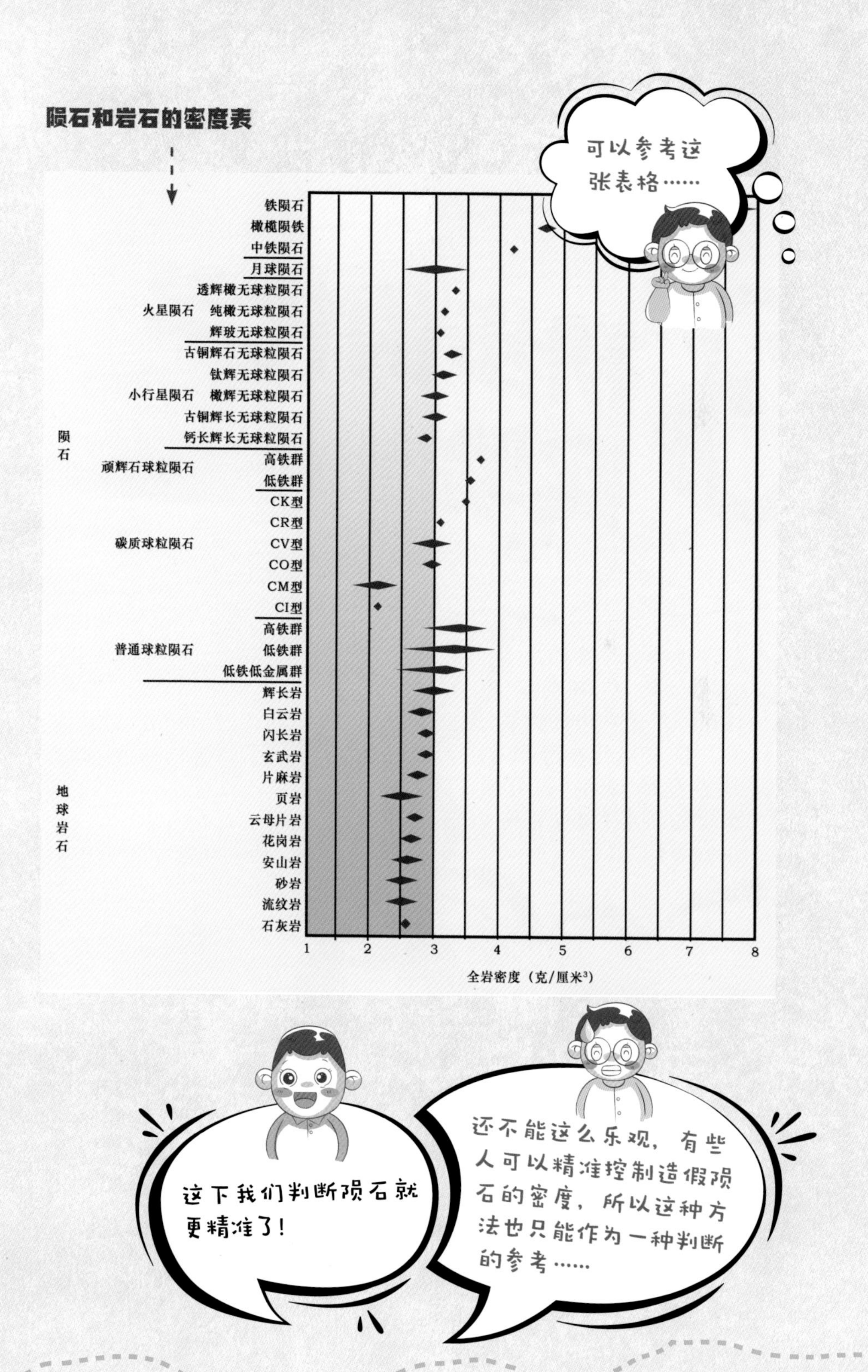
陨石和岩石的密度表
可以参考这张表格……
铁陨石
橄榄陨铁
中铁陨石
月球陨石
火星陨石
透辉橄无球粒陨石
纯橄无球粒陨石
辉玻无球粒陨石
小行星陨石
古铜辉石无球粒陨石
钛辉无球粒陨石
橄辉无球粒陨石
古铜辉长无球粒陨石
钙长辉长无球粒陨石
陨石
顽辉石球粒陨石
高铁群
低铁群
碳质球粒陨石
CK型
CR型
CV型
CO型
CM型
CI型
普通球粒陨石
高铁群
低铁群
低铁低金属群
地球岩石
辉长岩
白云岩
闪长岩
玄武岩
片麻岩
页岩
云母片岩
花岗岩
安山岩
砂岩
流纹岩
石灰岩
1
2
3
4
5
6
7
8
全岩密度（克/厘米³）
这下我们判断陨石就更精准了！
还不能这么乐观，有些人可以精准控制造假陨石的密度，所以这种方法也只能作为一种判断的参考……

3 初步的化学实验

这种测量密度的方法真好！不仅可以作为初步鉴别陨石的参考，还可以检测金银首饰是否掺假呢！还有什么实验的方法可以帮我们分辨陨石呢？

我们还可以根据陨石的化学性质进行判断。

什么是化学？听起来好深奥啊……

对于小学生而言，可以简单地把化学理解为“变化的科学”。不过这种变化不是冰化成水这么简单的物理变化，而是一定要产生新物质，比如木炭在空气中燃烧产生二氧化碳并释放出光和热……大多数陨石中都含有镍，含镍的液体与某些化学试剂会有显色反应，也就是呈现出某些颜色……

明白了，张老师！快教我们做实验吧！

实验工具和材料：氨水、棉签、白醋、丁二酮肟、待检测样本（疑似陨石）。

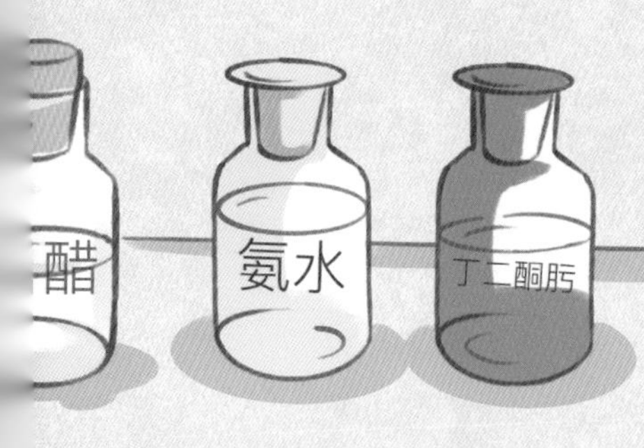
醋
氨水
丁二酮肟

做实验要注意安全，小学生要在大人陪同下进行。不要把化学试剂黏在皮肤上，溅到眼睛、嘴巴里。今天用到的氨水有很大的刺激性气味，记住要及时盖好瓶盖，更不要故意去闻它的味道。

闻了会怎样？

闻了就会像下面这位同学一样，不仅会流泪流鼻涕，还会头晕。

氨水

这是什么生化武器？

下面我来给大家讲一下化学检测的步骤。

第一步：把待检测样品表面清洁干净。

第二步：用一根棉签蘸白醋，在样本表面反复摩擦一分钟。

白醋

第三步：另一根棉签先蘸氨水，再蘸丁二酮肟。

氨水
丁二酮肟

第四步：用第二步、第三步中的两根棉签互相摩擦，观察棉签上是否有粉红色出现。如果出现说明含镍，不出现说明不含镍或镍含量低。

Ni

这种方法鉴别陨石准确率高吗？

鉴别石陨石的准确度比较高。如果是一块在大自然发现的有陨石外部特征的样本含有镍，十之八九就是陨石了。但是对于铁陨石和石铁陨石的检测就差一些，因为如果人为造假的话，可以有意添加镍。

第一步：把铁陨石切成片。

第二步：把铁陨石的一面打磨平整，至少到 600 目。

这个我知道，不锈钢中就含有镍。那么是不是铁陨石不能用简单的化学实验检测呢？

大多数铁陨石可以用酸洗的方法鉴别，酸洗的方法就属于化学方法。大部分铁陨石经过酸洗，可以呈现出维斯台登纹，也叫魏德曼花纹。

第三步：把切片放入有酸洗剂的烧杯。

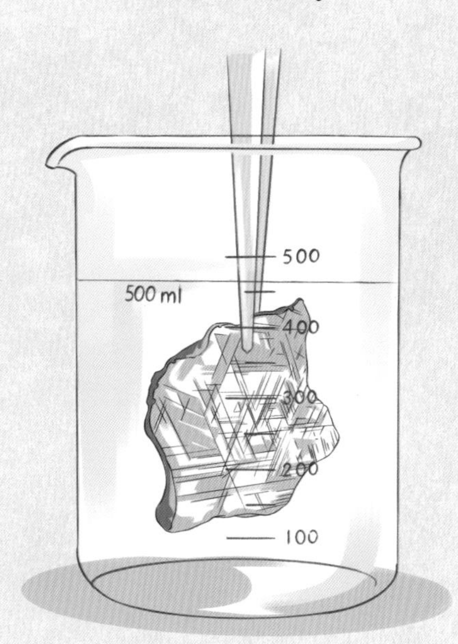
500 ml
500
400
300
200
100

第四步：取出陨石切片并冲洗干净，擦干观察。

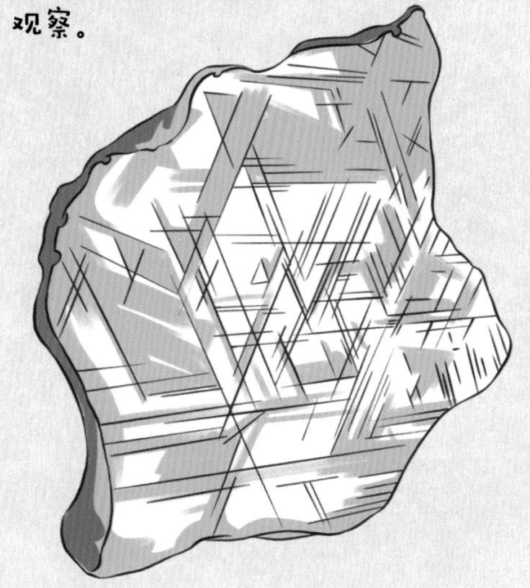

好神奇！切片上出现了花纹！这就是维斯台登纹对吧！

是的，维斯台登纹是铁陨石的身份证，因为至今不能被模仿，一旦看到维斯台登纹，它一定就是陨石。但也有些铁陨石没有维斯台登纹。

您讲了这么多方法，怎么感觉没有一种是准确的！

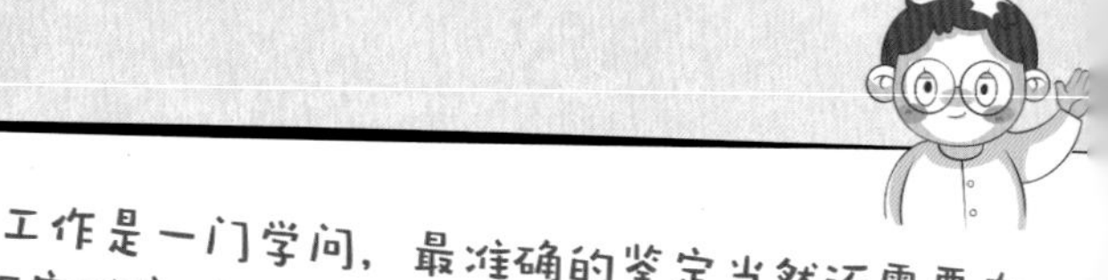
鉴定工作是一门学问，最准确的鉴定当然还需要在正规实验室进行。对于一般人而言，掌握了我们讲的方法，已经能够鉴别大部分陨石了，只要多观察真陨石，多实践这些方法，准确率还是比较高的。

张老师，陨石的种类好多呀！能再具体给我们讲讲吗？

陨石的种类确实很多，但根据陨石物质成分的不同，一般分成3类——石陨石、铁陨石和石铁陨石。你们先来判断一下下面这3块陨石，分别是哪一类？

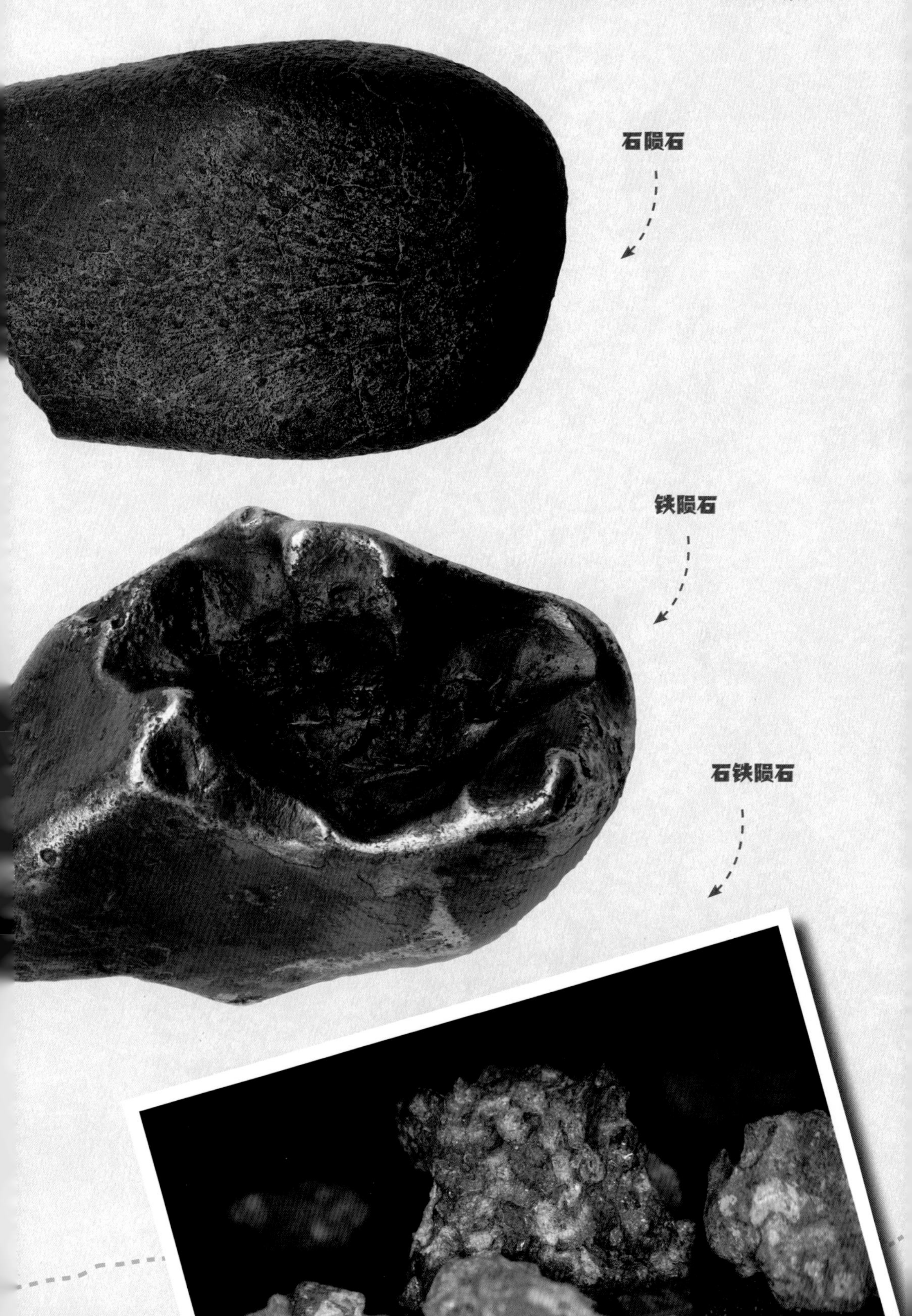
石陨石
铁陨石
石铁陨石

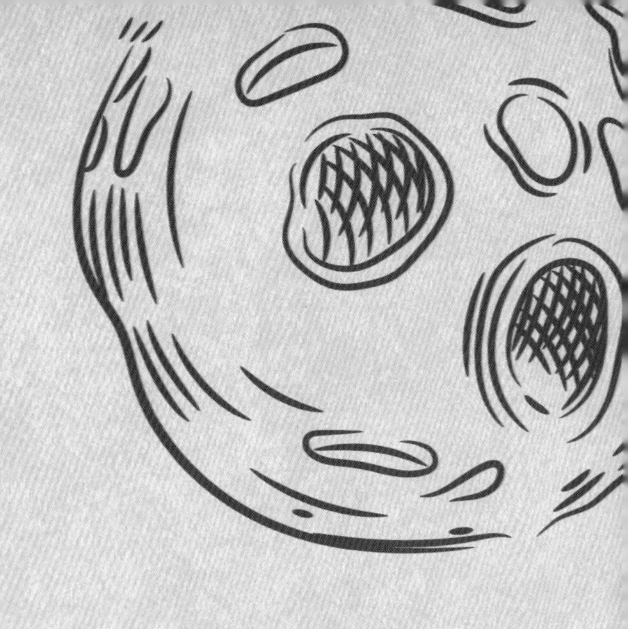

第四章 常见的石陨石观察

7 飞入百姓家的石陨石——檀溪（Tanxi）

热搜榜：火球从天而降！多地市民看到，有人表示：“爆炸声很响！门都震动了……”

最近又有陨石落在中国了！消息还登上“热搜”第一的位置呢！

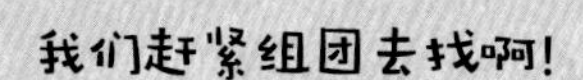
我们赶紧组团去找啊！

那么多地方都看到了“火球”坠落，我们该到哪里去找呢？

陨石坠落在了浙江省金华市浦江县檀溪镇毛店村，已经被发现并获得了国际命名“Tanxi”。找陨石可不是小朋友能做的事情，难度大还危险！不过我可以带你们去看看这块轰动一时的陨石。

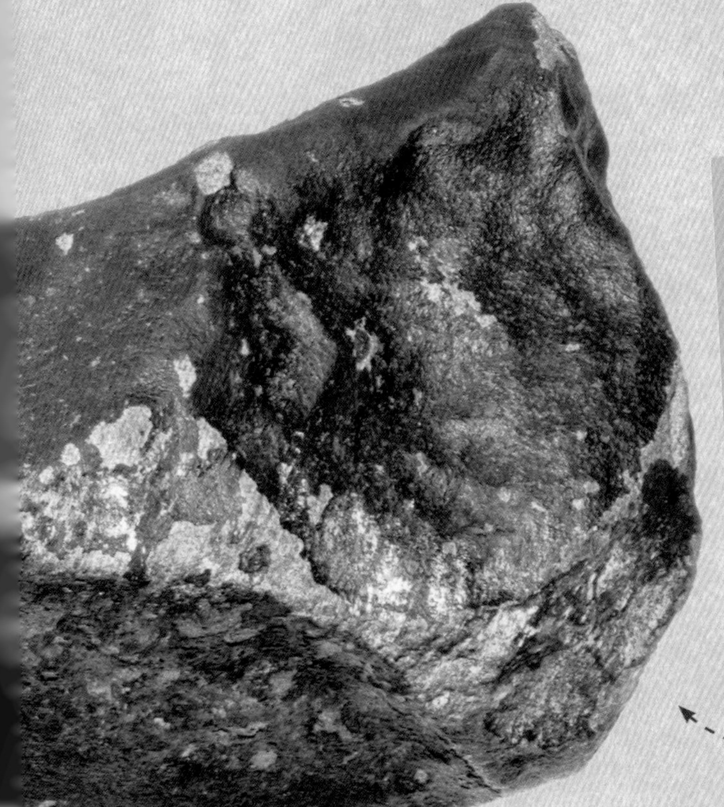

檀溪陨石

这就是新闻报道中出镜率最高的那块檀溪陨石。它落在了一户人家门前的水泥路面上，砸出了一个小坑。

它一定特别硬，竟然没有碎裂，只擦破点皮！

从另一个角度观察檀溪陨石

感觉它好重啊，拿在手里沉甸甸的！

檀溪陨石属于 H6 型普通球粒陨石，也就是一种含铁量高的球粒陨石。因为含铁量高，陨石的密度就比较大，这块陨石看起来不大，重量却达到了 1770 克。让我们来仔细观察观察。

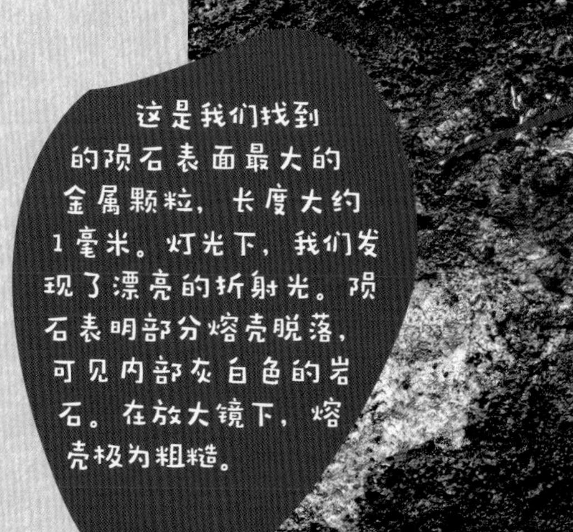
这是我们找到的陨石表面最大的金属颗粒，长度大约1毫米。灯光下，我们发现了漂亮的折射光。陨石表明部分熔壳脱落，可见内部灰白色的岩石。在放大镜下，熔壳极为粗糙。

檀溪陨石局部放大图1

好漂亮啊!

这部分的熔壳光滑很多，玻璃质明显，灯光下折射出美丽的颜色。

檀溪陨石局部放大图2

我们可以清楚地分辨出，陨石中具有不同颜色和结构的矿物，甚至隐约看到了一些晶体的结构。

为了观察它的内部情况，人们还制作了檀溪陨石切片，我们来看一看。

为什么我感觉切片和我们观察的原石不一样？

切片要打磨甚至抛光，而我们看到的是原石新鲜断面，没有经过任何处理，感觉当然不一样。还有，即便是同一种陨石，里面的矿物分布也不会完全一致。我们观察的原石是檀溪陨石中最著名的一块，那些切片则是从它的一些“孪生兄弟”上切下来的。

檀溪陨石有很多块？

檀溪陨石局部放大图3

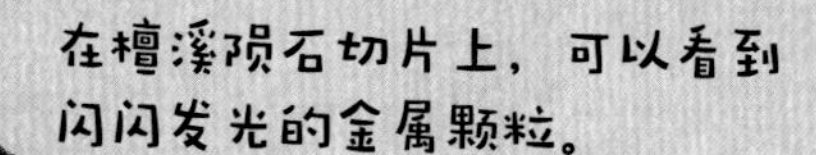
在檀溪陨石切片上，可以看到
闪闪发光的金属颗粒。

檀溪陨石切片

并不多，截至 2023 年 1 月底，据我所知共发现了 11 块，实际数量应该会多一些，但总体上属于比较稀少的陨石。

捡到坠落的陨石归国家所有还是私人所有呢？

如果陨石具有科研价值，归国家所有。如果没什么科研价值，归拾得人（捡到它的人）所有。如果上交国家，会得到相应的奖励。

檀溪陨石从坠落到发现再到被国际正式命名，经历的时间并不长，这是陨石科普进步的体现。不过也有一户村民把落在家里的陨石扔掉了，理由还是担心有辐射。相信随着我国公众对陨石认知度的提高和国家政策的支持，类似阜康陨石的遗憾（后面会讲到）就再也不会出现了！

哈哈，我明白了。

2 最大的石陨石——吉林（Jilin）

檀溪石陨石只有11块，总量太少了！难道每次陨石坠落只有这么一点点？

不是的，我知道世界上最大的石陨石就落在我国吉林呢！最大的一块有1770千克重！

博物馆中的“吉林1号”陨石

为什么它叫“吉林1号”陨石呢？

吉林陨石不止一块，它是最大的那一块。

1976年3月8日15时，一场规模空前的陨石雨降落在吉林市和永吉县及蛟河市近郊方圆500平方公里的平原地域内……

陨石雨落入平原地区

人们共收集到较大的陨石138块，碎片超过3000块，总重约2616千克，现在被吉林市博物馆收集展出。这些陨石中，最大的一块重达1770千克，是世界最大的石陨石。这块陨石落点升起了蘑菇状的烟尘，并且砸穿冻土层，形成了一个6.5米深，直径2米的坑。还有一些陨石流落在民间，被陨石爱好者收藏……

那么多陨石落下来，吉林又是大城市，一定会有人伤亡吧！
吉林陨石雨具有降落范围广、数量多、重量大的特点，甚至有人称它为规模最大的陨石雨……

在这个区域居住着上万户人家，陨石坠落在白天，很多人都在户外活动。但是这次陨石雨并没有造成一人一畜的伤亡，连一个建筑物都没有被砸到，称得上是奇迹了！

那我就放心了。

这么著名的陨石，要是能亲眼看一看，摸一摸就好了！

别着急，我可以带你们去收藏家那里看吉林陨石。

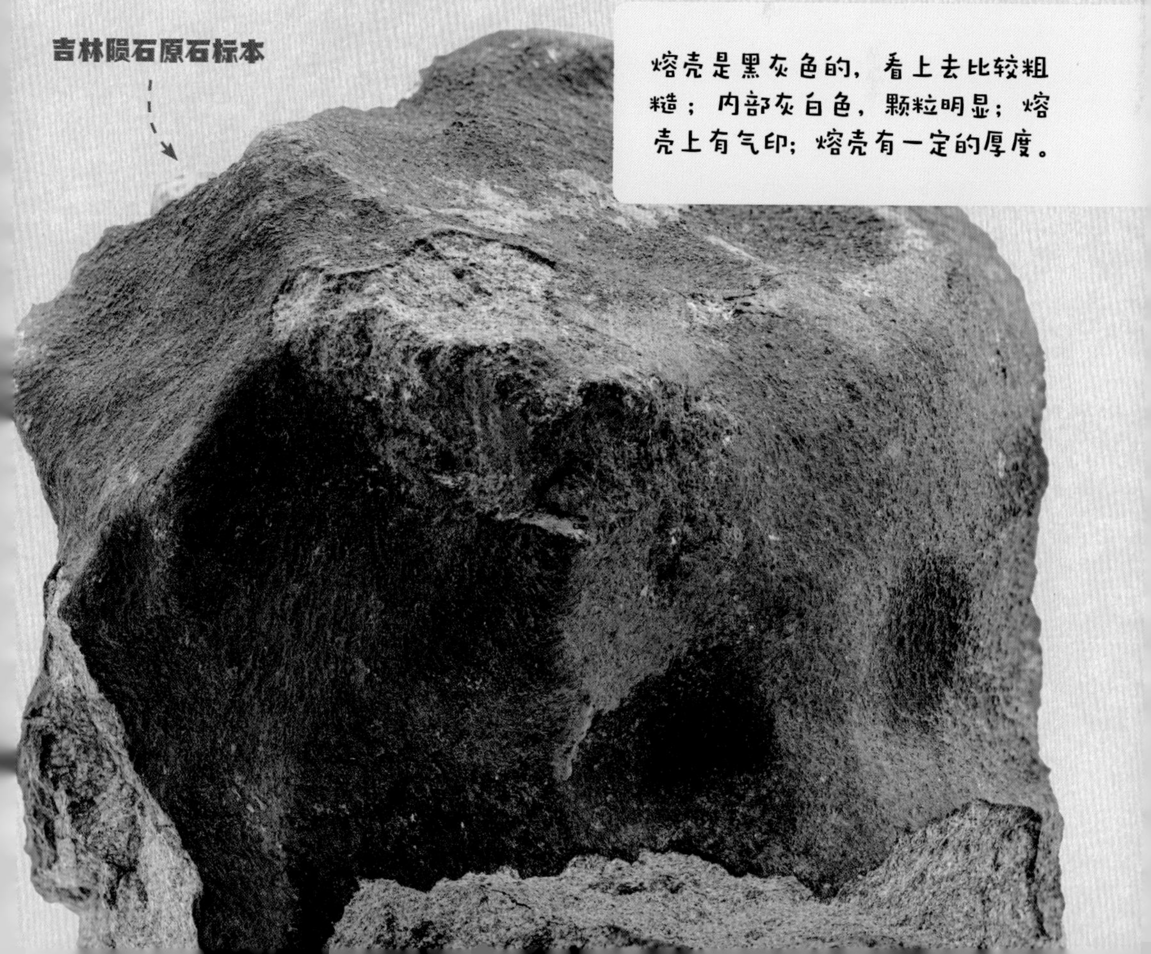
吉林陨石原石标本
熔壳是黑灰色的，看上去比较粗糙；内部灰白色，颗粒明显；熔壳上有气印；熔壳有一定的厚度。

张老师，这块
陨石好沉啊？
我都搬不动！

吉林陨石也属于高
铁球粒陨石，密度
比较大。

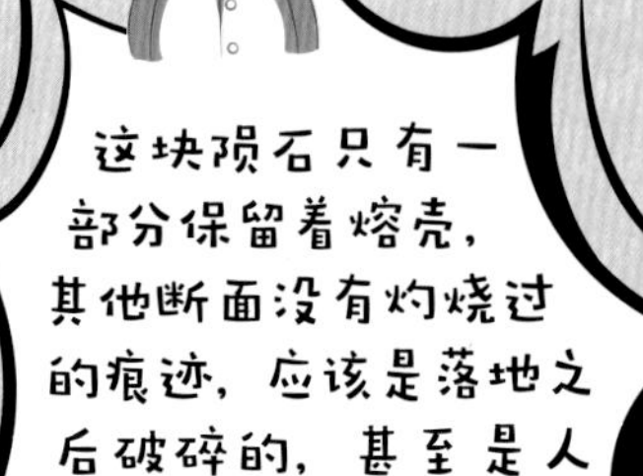

这块陨石只有一
部分保留着熔壳，
其他断面没有灼烧过
的痕迹，应该是落地之
后破碎的，甚至是人
为破碎的。

再用放大镜观察观察。看看
还有什么新的发现？

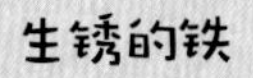

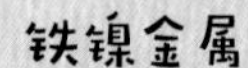

生锈的铁
铁镍金属
不同的岩石矿物

我看到了岩石颗粒，
也看到了岩石颗粒脱
落留下的痕迹。有些
真像是小圆球呢！怪
不得叫球粒陨石！

绝大多数的石陨石都具有
球粒结构，这种结构没有经
验的人不容易在原石上发现，
在切片上看会特别明显。

陨石切片上有明显
的球粒结构

切片上那些银亮的部分是不是铁和镍呢？

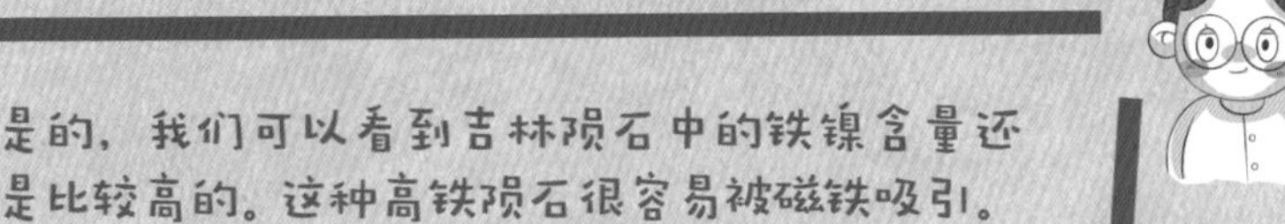
是的，我们可以看到吉林陨石中的铁镍含量还是比较高的。这种高铁陨石很容易被磁铁吸引。

我们观察陨石，能了解它的特点。科学家观察陨石能知道什么呢？是不是只为了判断它是不是来自天上？

这可没有那么简单！让我给你们慢慢讲。

陨石会带来很多有用的信息，可以帮助我们了解天体的组成和演化；研究太阳系的诞生与发展；探索地球上水和生命的来源；发现地球上没有的矿物……包括它自身的来历，也在科学家的研究范围之内。比如吉林陨石坠落后，中国科学院地球化学研究所进行了多年的研究，科学家把吉林陨石的传奇经历弄得明明白白。

吉林陨石的母体原本是一颗半径约 220 千米的小行星，约在 46 亿年前由太阳星云逐渐凝聚而成。小行星诞生之后，内部温度曾一度高达 1000 多摄氏度。约在 800 万年前，由于别的小天体的碰撞，吉林陨石从母体中分裂出来。从此便成了太阳系中的流浪儿。

我在太空里飞了 30 万
年了！好累啊~

在 770 万年之后，吉林陨石又被狠狠地撞了一下，结果只剩下一个 185 厘米半径的椭球体，重 4.6 吨。这样它又继续流浪了 30 万个春秋。

我终于解放了！

1976 年 3 月 8 日 15 时，它以每秒 16 ～ 18 千米的速度追上了地球，并以 16 度的入射角冲进地球大气层。强烈的冲击作用使它燃烧起来，成了一个大火球，在离地面 19 公里的高空，轰然一声巨响，发生了大爆炸。无数碎片纷纷落下，形成了这场特大的陨石雨。

吉林站
我们要去看陨石！

吉林陨石雨范围之大，重量之巨，数量之多，形状之奇，标本收集之丰，全球罕见。它为当代世界科学界带来了大量宇宙信息的同时，也为中国江城吉林市的旅游业增添了奇彩，成为旅游观光的一道独特景观。如果有机会到吉林，可以去吉林市博物馆一睹“吉林1号”石陨石的真容。

3 带来巨大损失的石陨石——车里雅宾斯克（Chelyabinsk）

我发现了一个有趣的现象，陨石不会伤人！无论是吉林陨石还是檀溪陨石……

好像是那么回事！吉林陨石雨那么大规模……

陨石不是随机坠落的吗？怎么会躲着人？

陨石是随机坠落的，当然不会躲着人。不过地球那么大，落下来的陨石又那么少，伤人的概率就很低了。但是低不等于没有，我国古籍中就记录过伤人众多的陨石雨。近年来造成损失最大的陨石坠落事件，就要数发生在俄罗斯的车里雅宾斯克的陨石雨了……

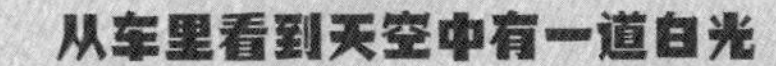
从车里看到天空中有一道白光

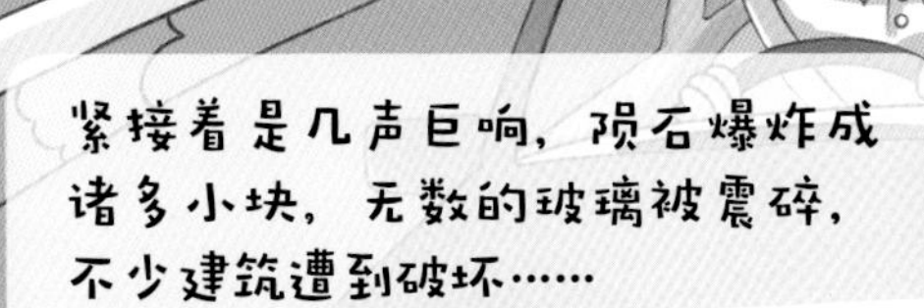
紧接着是几声巨响，陨石爆炸成诸多小块，无数的玻璃被震碎，不少建筑遭到破坏……

这是一次陨石坠落事件。陨石在穿越大气层时摩擦燃烧，发生爆炸，产生大量碎片，形成了所谓“陨石雨”。陨石主体最后坠落时分成了两到三块比较大的碎片，其中一块落入切巴尔库利湖，并留下一个直径约8米的冰窟窿，附近发现一些1厘米见方的黑色硬物，据估计可能是陨石碎屑。

这次陨石坠落事件造成10亿卢布的经济损失，约1200人受伤，近3000座建筑物受损，是人类历史上有确切证据的造成损失最大的一次陨石雨，不过也为地球带来了一种新的陨石—车里雅宾斯克陨石。

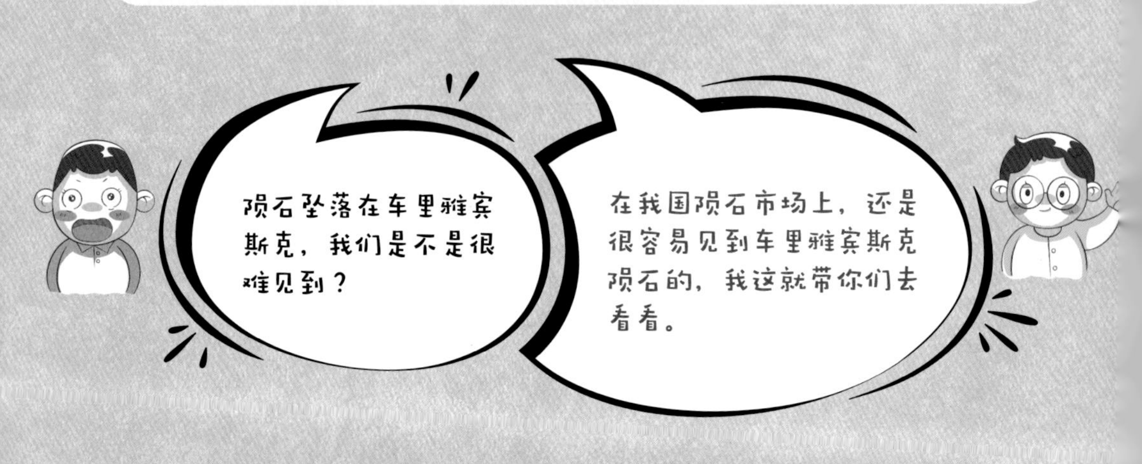
陨石坠落在车里雅宾斯克，我们是不是很难见到？
在我国陨石市场上，还是很容易见到车里雅宾斯克陨石的，我这就带你们去看看。

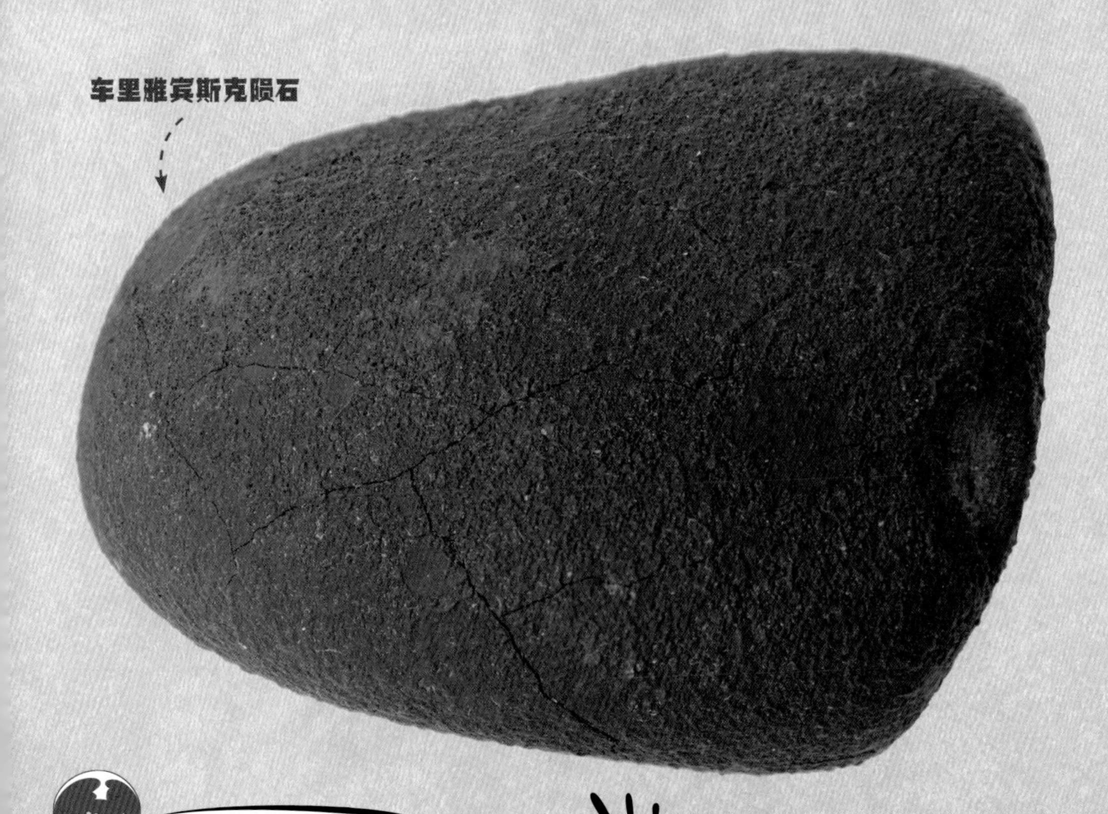
车里雅宾斯克陨石

这块陨石的熔壳很完整，也很新鲜，说明在空中爆炸后，又经过了充分的燃烧。

磁铁能吸在上面，说明里面含有一定的铁镍金属。

为什么又是石陨石？

人们发现的陨石绝大多数是石陨石。因为石陨石主要来自小行星的表层。大家想一想，小行星碰撞产生的碎块是不是主要来自表层呢？

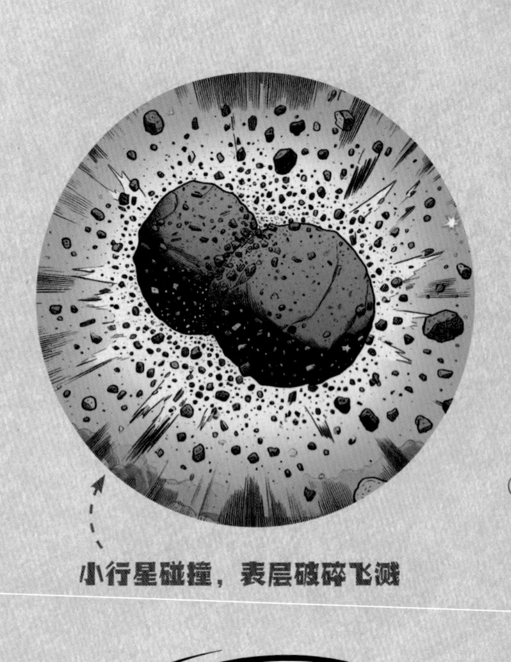

小行星碰撞，表层破碎飞溅

它的里面是什么样子呢？

这要看它的切片吧？

对的！正好我这里有显微观察的切片，你们可以用显微镜仔细观察。

矿相显微镜的实拍图

这肯定是矿相显微镜了，看起来真漂亮！

是的。矿相显微镜下，普通岩石矿物切片可以呈现出缤纷的色彩，美丽而奇妙。以往人们只是用矿相显微镜研究矿物成分，现在很多人把这种照片当作艺术品看待呢！

显微镜下的陨石如同艺术品

4 种类繁多的陨石
——西北非陨石（NWA***）

NWA***

这种陨石为什么那么多？看起来它们的差异还挺大的！

它们好像不是同一种陨石。你看标签上的详细介绍——NWA869、NWA8340、NWA2965……

陨石不是以发现地来命名吗？NWA是什么地方？为什么会有那么多陨石落在那里？而且种类还不相同！

NWA的确是地名，但与檀溪、吉林不同的是，它是个广阔的地区——非洲西北部，主要国家有摩洛哥、阿尔及利亚等，简称西北非。

这是地球上最为干燥的地区之一，
人烟稀少，有利于陨石的保存。
在这里我不会生锈，也不用
担心被人拿去盖房、修路！

快看那有几块黑色的石头，
很可能是陨石！
应该没问题，回去
再进一步检测！

这是一块完整的西北非普通球粒陨石，大家来观察一下。

它的熔壳看起来是黑褐色的，很光滑，不像檀溪、吉林陨石那么粗糙。

西北非普通球粒陨石 1

西北非普通球粒陨石 2

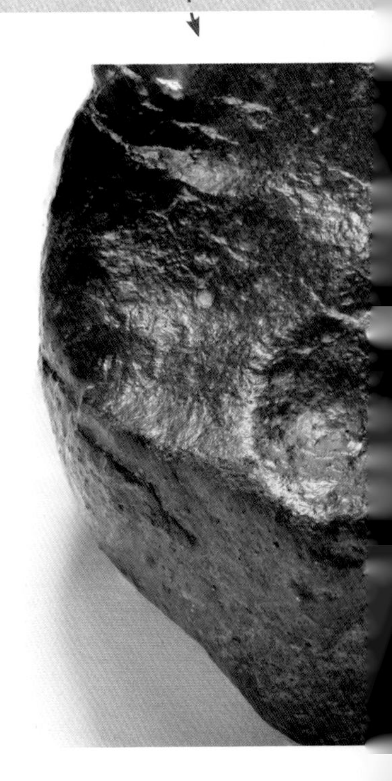

它上面还有明显的气印，隐约可以看到一些球粒结构！

让我们用放大镜好好观察一下！

放大镜下的西北非普通球粒陨石

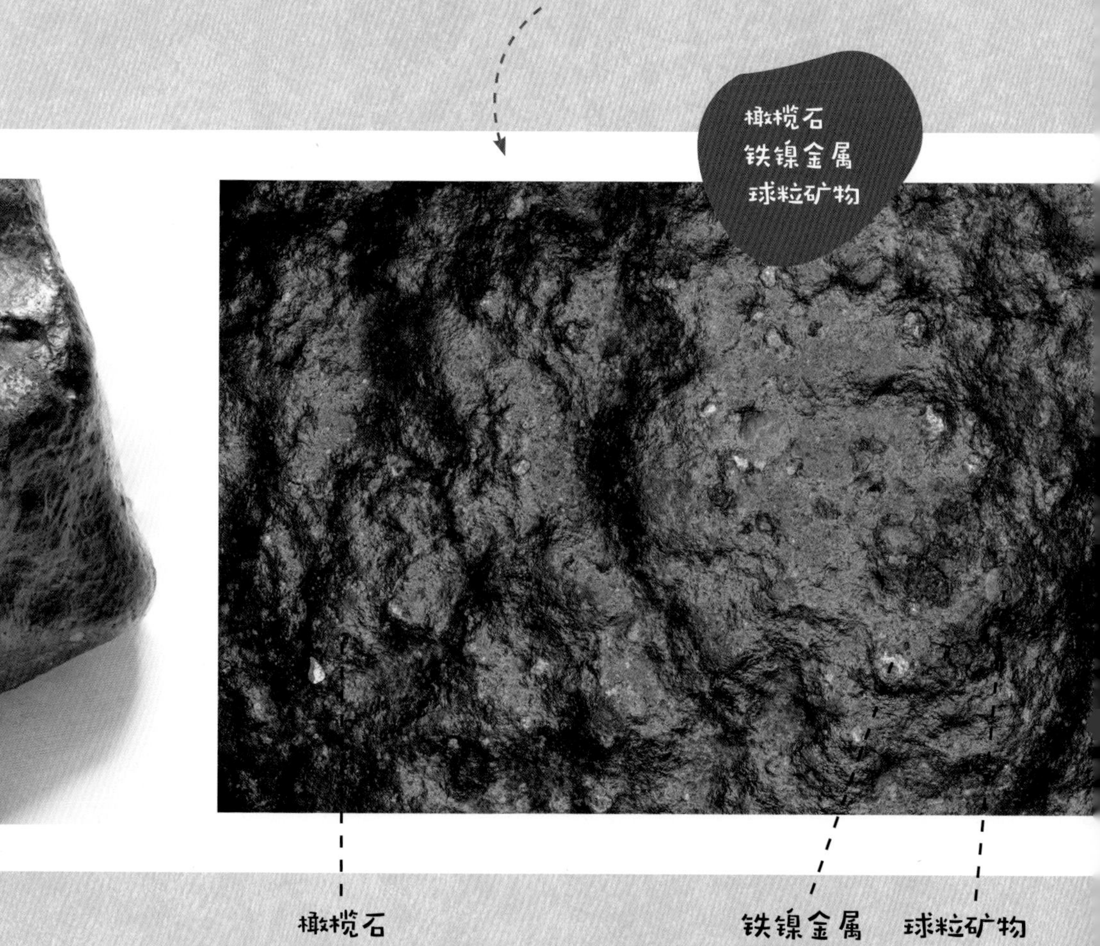
橄榄石
铁镍金属
球粒矿物
橄榄石
铁镍金属
球粒矿物

这是典型的西北非普通球粒陨石。大多数陨石具有球粒结构，而普通球粒陨石大约占据了球粒陨石总量的95%。陨石中的球粒主要由硅酸盐组成。球粒的直径大多在0.1毫米至20毫米之间，平均直径约为1毫米。

可是我觉得这块陨石上的球粒并不明显啊!

别着急，让我们看看球粒陨石的切片。

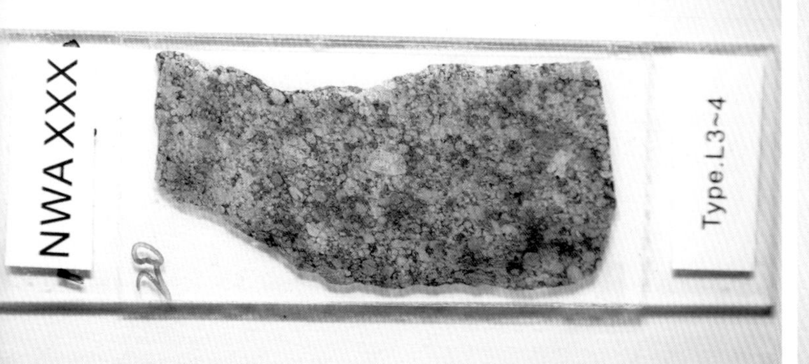
NWA XXX
Type.L3~4

西北非普通球粒陨石切片1

NWA XXX

西北非普通球粒陨石切片2

显微切片上的球粒结构好明显啊，可是铁镍金属怎么那么少啊？
石陨石的含铁量有高有低，前面展示的切片属于含铁低的，而且切片很薄，不容易观察铁镍金属。我们再看看下面的切片。
这下金属部分看得很清楚了。
如果用矿相显微镜观察，它们一定非常好看吧？
Type.L3

局部放大的西北非普通球粒陨石

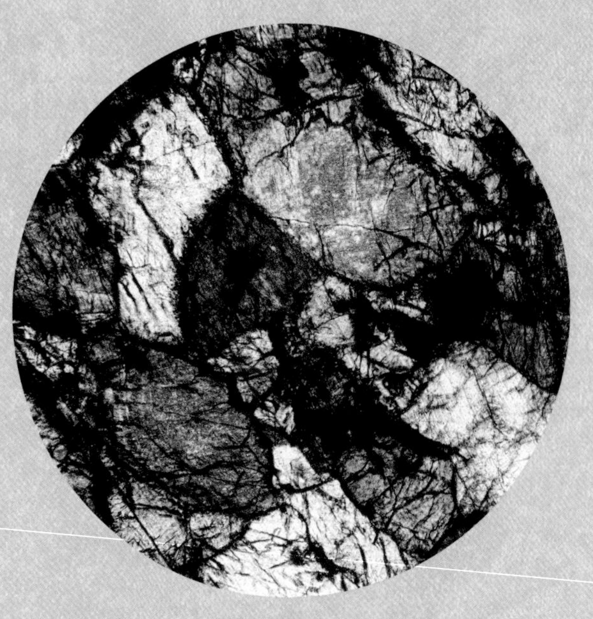

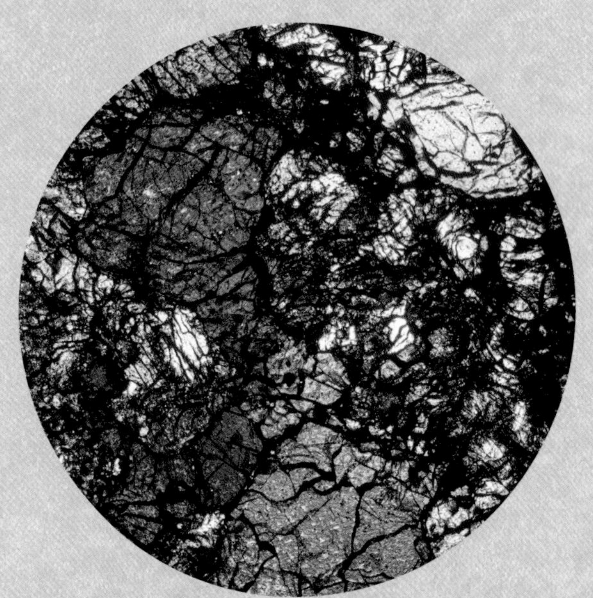

矿相显微镜下的西北非普通球粒陨石

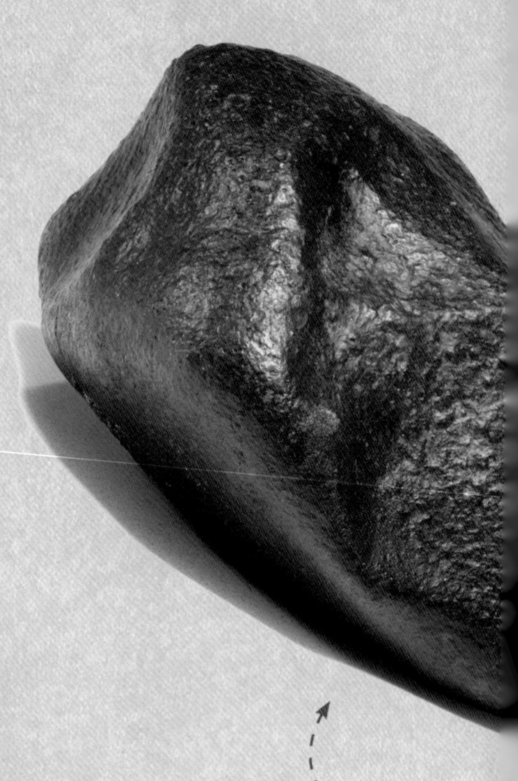

西北非陨石 1

西北非陨石不是
有很多吗？能不
能让我们多看
一些？

西北非陨石 2

西北非陨石 3

当然可以。

西北非蕴藏的大量陨石为人们了解太阳系的起源甚至生命的由来提供了非常有价值的证据，同时，也为人们的陨石收藏提供了大量的标本和原料。西北非不仅有石陨石，也有铁陨石和石铁陨石。

5 地球卫士的碎片——月球陨石

月球陨石
快来看，这里有一块NWA12788陨石，是月球陨石！

陨石不是小行星的碎片落在地球上形成的吗？月球什么时候被撞碎了？

这个我知道。月球的整体并没有被撞碎，但是不断有小天体撞击月球，形成了大大小小的环形山。其中一些剧烈的撞击会使月球表面的物质飞溅速度超过月球引力的束缚，飞到太阳系空间，地球距离月球最近，当然会有一部分碎片落到地球上了。

2022.09

望远镜中的月球
（周一杨　拍摄）

说得很好！月球没有大气保护，更容易被撞击；月球引力比地球小，爆炸产生的喷射物质更容易飞离月球。哪怕是用小型望远镜观察月球，也可以看到不少环形山。

快来看，这里也有月球陨石！

这里也有月球陨石，它们看起来差异好大呀！

藏品标签

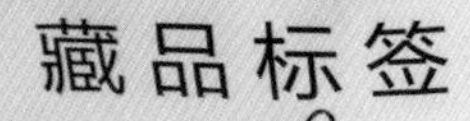
总登记号：697

名　称：NWA6950 月球陨石

日　期：2020.5

1
2
3
4
5
CM

藏品标签
登记号：
称：西北非月球陨石
期：2020.5
1
2
3
4
5
CM

两块截然不同的月球陨石（北京天文馆藏品）

与地球岩石相似，月球上的岩石也分很多种类，因此月球陨石呈现出的面貌差异很大。

为什么磁铁吸不住月球陨石呢？而且月球陨石好像都是石陨石！

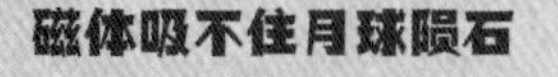

磁体吸不住月球陨石

月球陨石切片内部细节图

受到撞击，飞溅到地球上的是月球表面物质。月球表面由岩石构成，落到地面上的碎屑当然是石陨石。

好想看看月球陨石里面的样子！

看这些切片，感觉月球陨石和一些地球岩石很像。

你说得很对，月球陨石确实和地球岩石很像，比如磁性一般很弱，无球粒结构等，所以很多人即使见到它，也会误以为是地球岩石而错过，这是被发现的月球陨石稀少的主要原因之一。

目前的月球陨石主要发现于南极，它们是研究月球物质成分和演化历史的重要材料。尽管人们已经可以登陆月球采集标本，但与用月球陨石研究的成本相比显然要高很多。

它很可能是珍贵的陨石！

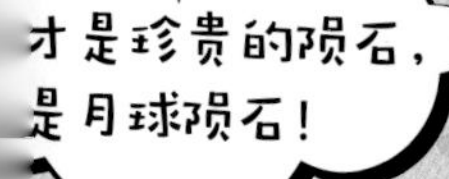
才是珍贵的陨石，
是月球陨石！

6 行星送来的礼物——火星、水星陨石

火星陨石

大家看，这里还有一块火星陨石呢！

火星陨石不应该是红色的吗？就算熔壳不是红的，里面也应该是红的啊！

火星看起来是红色的，原因在于它的表面有大量氧化铁存在。而火星陨石在坠落地球的过程中，表面会形成黑色的熔壳，其内部的颜色也取决于矿物成分和在地球上的风化程度。目前发现的火星陨石，没有一块是红色的。

火星距离地球更远，引力比月球还大，是不是它的陨石更加稀少呢？

火星照片

火星陨石

是这样的。火星陨石发现的数量比月球陨石还要少，所以火星陨石是研究火星的珍贵标本。

人们研究火星陨石有哪些发现呢？

对火星陨石进行研究，可以揭示火星的物质组成、结构及岩浆演化规律；研究火星表面的热液体系和蚀变作用，为火星大气的演化提供线索；为火星探测器和飞船的大量遥感数据提供参考等。人们更关心的可能是对于火星生命的研究。在火星陨石中，人们还发现了疑似细菌化石呢。

既然有火星陨石，那么应该也有其他行星的陨石吧！

事实上除了火星陨石以外，太阳系八大行星中目前还只发现了疑似水星的陨石。

不应该呀！金星离地球更近，碎片应该更容易飞到地球上。而且我听说木星经常被小天体撞击，爆炸非常剧烈，应该也有碎片飞出来才对！

太阳系八大行星

金星

我知道了，水星没有大气保护，表面容易受到撞击，而且它引力比较小，碎块容易飞出来！

木星、土星、天王星和海王星都是气态行星，没有固态外壳，小天体撞上去会进入内部，如同石沉大海。金星的构成虽然与地球近似，但它拥有太阳系行星中最浓密的大气，腐蚀性还很强，流星体落到金星表面很难留下残骸，就算有，落下去且形成了撞击，爆炸产生的碎片也很难再飞出金星大气层。

水星陨石什么样？是不是和月球陨石很像？因为水星和月球就很像。

就目前人们发现的疑似水星陨石来看，和月球陨石的差异还是蛮大的。你们看看它的颜色。

水星

疑似水星陨石

哇！水星陨石无论熔壳还是内部，都是绿色的，真是与众不同。

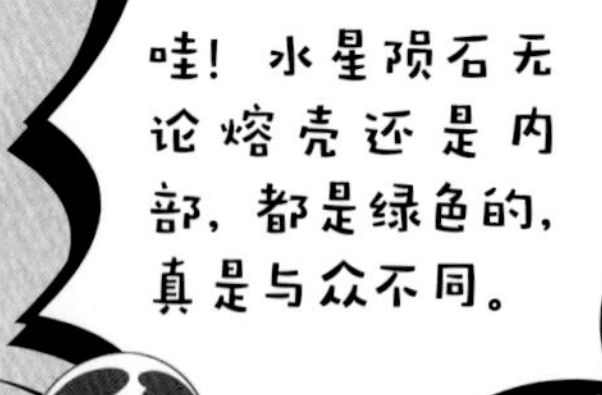

这块陨石大有来头，它是 2013 年被人们确认的第一块可能来自水星的陨石。水星陨石比火星陨石、月球陨石要稀有很多！

我好像见过绿色的陨石，是不是就是水星陨石？

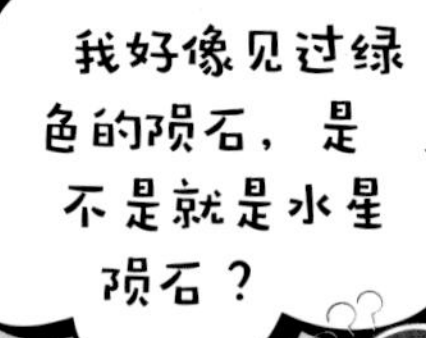

绿色的陨石还是有一些的，比如一些古铜无球粒陨石也有明显的绿色。我们不能简单地根据颜色来判断陨石的种类。陨石的知识很多，需要不断学习探索呀。

Tatahouine 古铜无球粒陨石

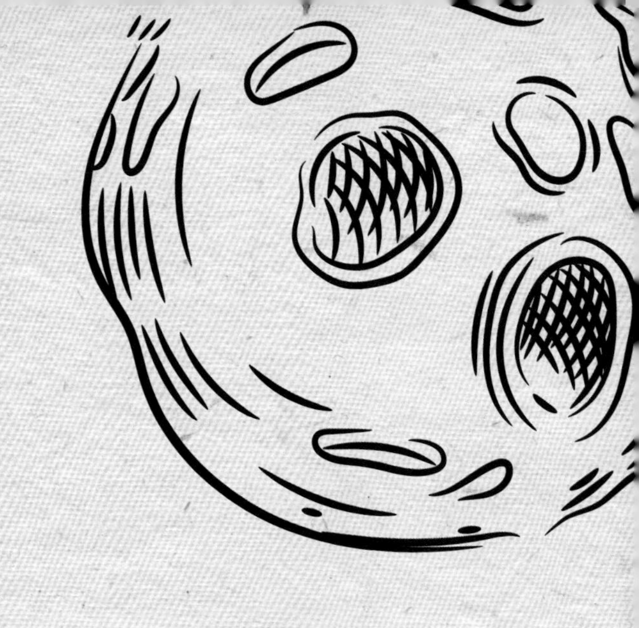

第五章
常见的铁陨石观察

7 古籍中的铁陨石——南丹（Nantan）

为什么这里放着一块铁？

你仔细看看，人家写得很清楚，这是南丹铁陨石！

南丹铁陨石
1958年发现。
680公斤
1992年8月

北京天文馆藏品

上面写着，它是1516年落下来的，为什么1958年才被发现？现在的人怎么知道它是1516年落下来的？

我国是最早观察、记录和研究陨石的国家，古籍中曾记录了多次陨石雨，可惜的是由于种种原因，找不到对应的陨石作为实物证据，直到 1958 年……

勘探
动员会
我们要加快工业建设，需要更多的铁矿石……

这里有很多铁矿石！
送到冶炼厂吧！

为什么铁矿石炼不化？

很明显，这是一种铁陨石！

太令人振奋了！它就是古籍中记载的 1516 年南丹陨石雨的产物！

太了不起了！它不仅为我们提供了研究的样本，也证明了我国古代史书记载的事是真的！
它的表皮已经生锈了，看不出熔壳的样子，是黄褐色的，的确很像铁矿石。
铁陨石
看，它有些地方磨出了本色，是银白色的，这和铁矿石不一样。
南丹铁陨石切片
现在有些人，有意无意地拿铁矿石冒充铁陨石出售，其实仔细观察我们还是能够发现它们的区别的。
铁矿石

快来看！这里
有南丹铁陨石切片。

南丹铁陨石的维斯台登纹很漂亮，感觉结构很复杂。

南丹铁陨石中含有很多种矿物，蕴藏着丰富的宇宙信息，具有很高的科学价值。但是在很长时间内，人们忽视了对它的保护，造成了大量的流失，非常可惜。现在人们已经意识到了这个问题，南丹铁陨石已经得到了相应的保护。

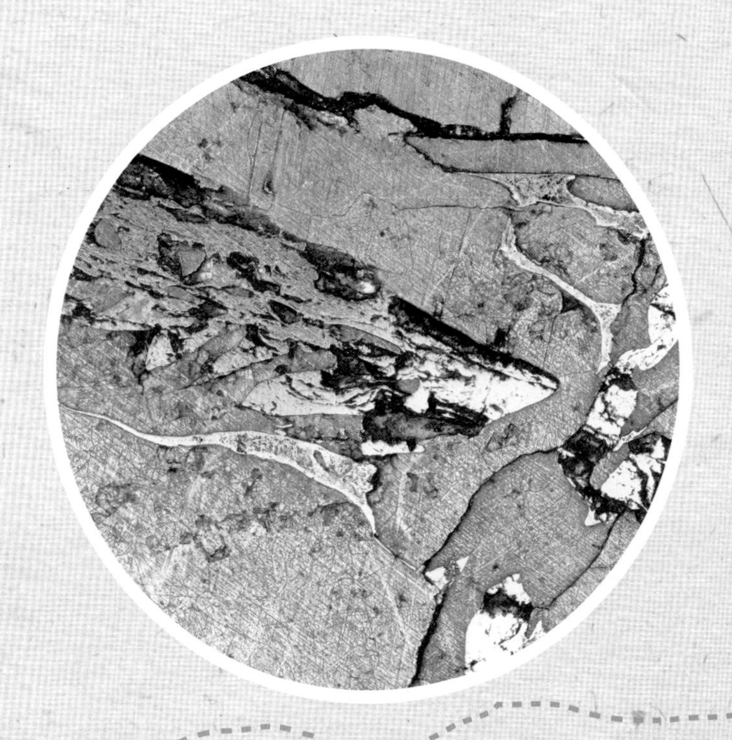

2 中国铁陨石之最——阿勒泰（Aletai）

暑假，我去新疆旅游了，没想到当地还有个天文馆，里面有中国著名的铁陨石！

这块陨石好大呀！感觉比吉林铁陨石还要大！

新疆天文馆里的阿勒泰陨石（模拟图）

我了解到这块陨石叫“阿勒泰之星”，重17.8吨，是中国第二大、世界第四大铁陨石！比吉林铁陨石大多了……

我怎么听老师说它排不到世界第四大呢？

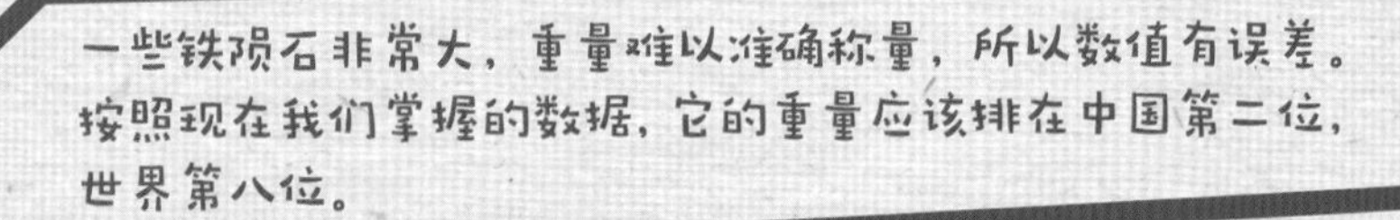

一些铁陨石非常大，重量难以准确称量，所以数值有误差。按照现在我们掌握的数据，它的重量应该排在中国第二位，世界第八位。

我还没有机会去新疆近距离观察这块著名的陨石，好可惜……

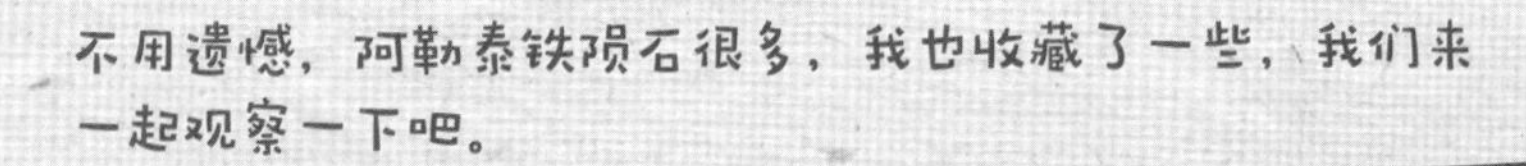

不用遗憾，阿勒泰铁陨石很多，我也收藏了一些，我们来一起观察一下吧。

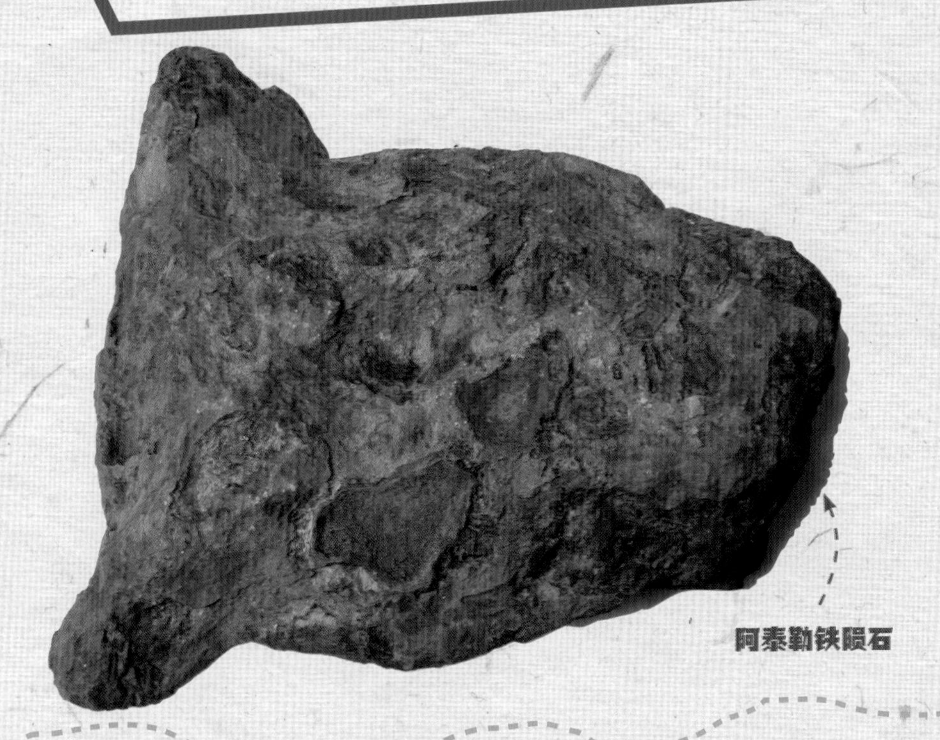

阿泰勒铁陨石

它锈得好严重！我之前看到的阿勒泰陨石没这么多锈，总体看上去是黑色的，不像这个是黄褐色的。

铁陨石的熔壳是黑色的，新疆气候比较干燥，“阿勒泰之星”又发现于地表，所以锈蚀不严重，基本保持了熔壳的颜色。这块阿勒泰铁陨石发现于地下，地下水分大，所以锈蚀比较严重。

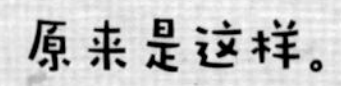

原来是这样。

张老师，我在网上看过一些阿勒泰陨石，它们有些地方露出了粗条纹结构，这会不会是铁陨石特有的维斯台登纹呢？

维斯台登纹不是在铁陨石内部吗？而且要经过酸洗才能看出来，怎么可能在外面看到！

维斯台登纹是由于铁陨石内部含有不同矿物而产生的，除了酸洗以外，打磨、碰撞和适当加热也有可能会让它显现出来。我们看下面这把烤蓝茶刀，就是通过加热呈现出了花纹的。烤蓝是通过适当加热让铁陨石发生氧化反应的工艺，由于不同矿物的反应速度不同，就呈现出不同的颜色。

烤蓝的颜色好漂亮！维斯台登纹看得也非常清楚！

烤蓝阿勒泰铁陨石茶刀

烤蓝的效果与温度和工艺有关，不能完全客观展现出陨石的维斯台登结构，所以作为一种工艺可以发挥防锈和增加美感的作用，但在研究上，还是需要对铁陨石进行打磨和酸洗。咱们再通过切片来观察一下吧！

阿勒泰铁陨石切片

切片上的维斯台登纹真清晰！灯光下亮闪闪的！

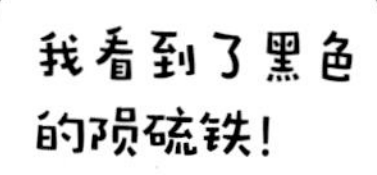
我看到了黑色的陨硫铁！

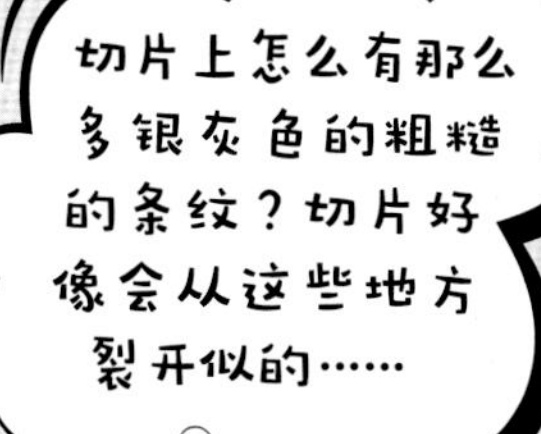
切片上怎么有那么多银灰色的粗糙的条纹？切片好像会从这些地方裂开似的……

你观察得非常仔细，它叫作“陨磷铁”，是地球上没有的矿物，也是阿勒泰铁陨石的特征之一。陨磷铁的存在确实让阿勒泰铁陨石变得比较“脆弱”，在切割打磨的时候，经常会导致陨磷铁碎裂，从而让铁陨石制品产生缺陷。

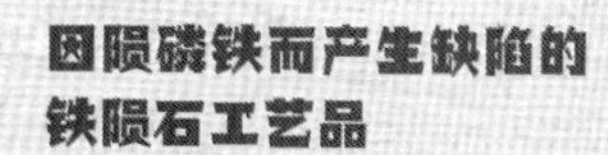
因陨磷铁而产生缺陷的铁陨石工艺品

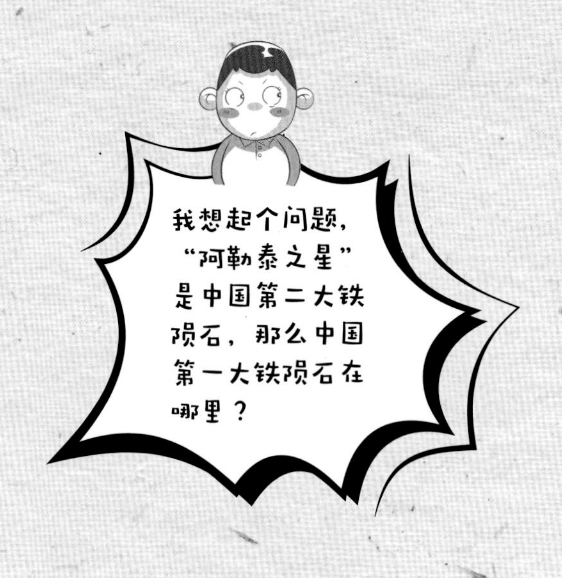
我想起个问题，“阿勒泰之星”是中国第二大铁陨石，那么中国第一大铁陨石在哪里？

阿勒泰陨石雨，
陨石从空中纷纷落下，
其中一块名为银骆驼，
一块名为阿勒泰之星。

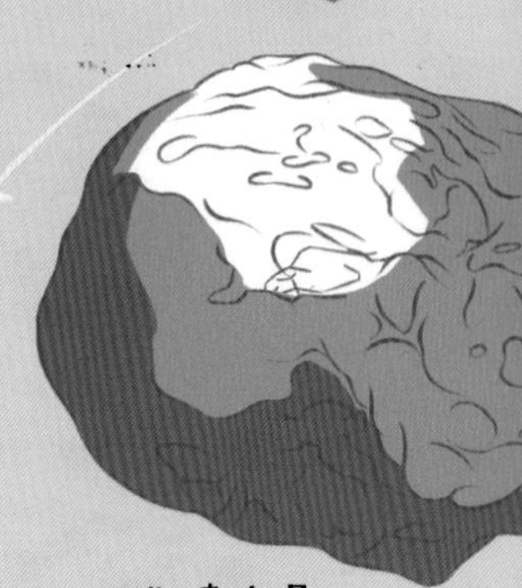

阿勒泰之星

中国第一大铁陨石也在新疆，名为“银骆驼”，目前存放在新疆地质矿产博物馆。

张老师，“银骆驼”是一种什么类型的陨石呢？

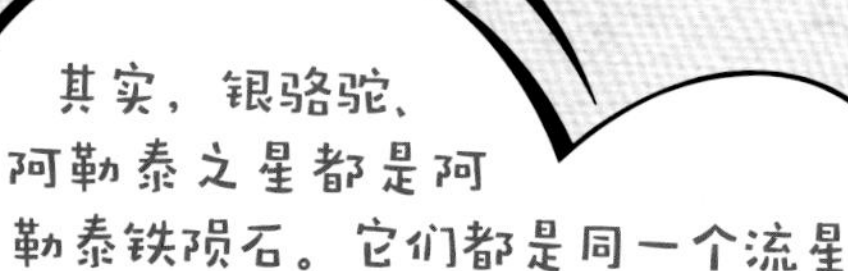
其实，银骆驼、
阿勒泰之星都是阿
勒泰铁陨石。它们都是同一个流星
体的一部分。这两颗巨大的铁陨石，都来自同一
次著名的陨石坠落事件——阿勒泰陨石雨，因此，两颗
国内罕有的陨石，也被统一命名为——阿勒泰铁陨石（国
际命名：Aletai）。

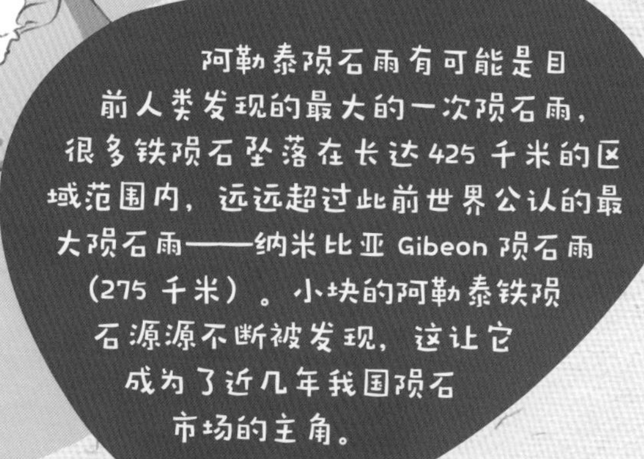
阿勒泰陨石雨有可能是目
前人类发现的最大的一次陨石雨，
很多铁陨石坠落在长达 425 千米的区
域范围内，远远超过此前世界公认的最
大陨石雨——纳米比亚 Gibeon 陨石雨
（275 千米）。小块的阿勒泰铁陨
石源源不断被发现，这让它
成为了近几年我国陨石
市场的主角。

银骆驼

3 特殊的富镍铁陨石——火焰山（Huoyanshan）

我再带大家去看一种特殊的陨石。

火焰山陨石

这块陨石表层锈迹明显，拿在手里感觉密度很大，而且与磁铁吸附力特别强，应该是铁陨石。

我也觉得它是铁陨石。有切片吗？看看里面更容易确认！
火焰山陨石切片
现在可以确认了，它就是铁陨石！切片酸洗后有漂亮的维斯台登纹，不过特别细，需要用放大镜才能看清。

很多铁陨石都有维斯台登纹呀！这有什么特殊的？

这是我国的火焰山铁陨石。发现于2016年10月……

快来看，这是不是陨石？
有可能啊，我们应该把
它送到实验室检测！

这是一种富镍铁陨石，镍含量达到了21.1%！
它不会有维斯台登纹。
Ni

可是，它为什么会有维斯台登纹，还如此精致？
这真是一种特殊的陨石！

铁陨石中镍含量超过 16% 的，就属于富镍陨石，这种陨石应该不会有维斯台登纹的。而火焰山铁陨石镍含量很高，更不该有维斯台登纹，可它明显是个例外。

为什么专家说它不应该有维斯台登纹呢？

让我们仔细看看它的花纹吧！

火焰山陨石花纹

它的维斯台登纹
又细又密，有点集
成电路板的感觉！

有人甚至用“精美绝伦”来形容火焰山铁陨石的花纹。事实上，火焰山铁陨石的外形就很漂亮。

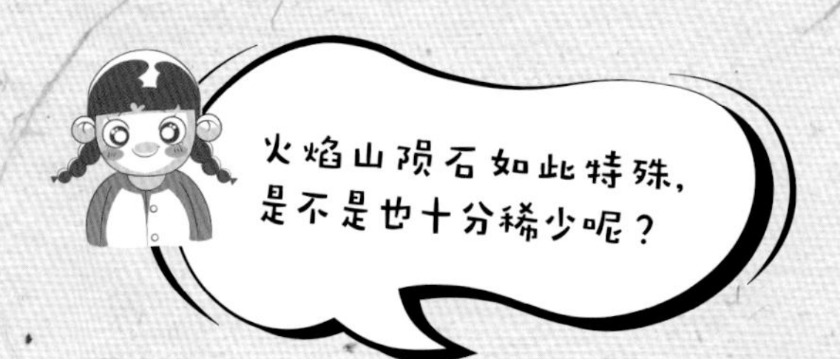
火焰山陨石如此特殊，
是不是也十分稀少呢？

宝藏是我的！
陨石是我找到的，我说多少钱就是多少钱！
太贵了，能不能便宜一点？
陨石在哪里？

得知消息的人们带着金属探测器冲入这片沙漠寻找陨石，连铁渣子都没放过。目前总共发现700千克左右，大部分在发现者手中，市场上流通量非常少。这种陨石的发现，为我国陨石研究提供了新样品。

是的，当年两名石油工人发现了火焰山铁陨石之后，它获得了国际命名“Huoyanshan”……
陨石谁捡到归谁不太好吧？他们可以把价格抬得很高。

也不是没有好处，至少可以把珍贵的陨石留在中国……

4 破碎的铁陨石——坎普（Campo del Cielo）

爸爸给我买了一块漂亮的铁陨石原石，外表亮闪闪的，做吊坠一定特别漂亮！

陨石的熔壳应该是黑色的呀！它为什么是银白色的？该不会是人造的吧！

坎普铁陨石 1

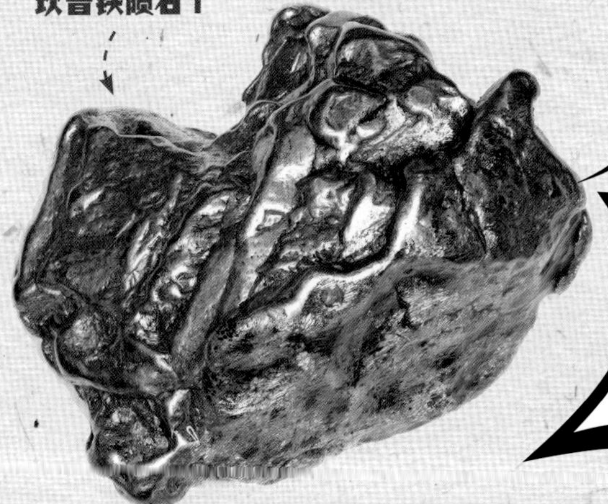

应该不是人造的，我也见过很多这样的陨石，价格不贵，形状特别不规则，每块都不一样。如果人工制造，无论模具浇铸还是雕刻，这个价格恐怕不够制作成本！

这是阿根廷坎普铁陨石，据记载发现于阿根廷一个被印第安人称为Campo del Cielo的地方，翻译成中文是天堂之地，坎普是“Campo”的音译。因为国内常见的阿根廷陨石以坎普为主，所以现在很多人就叫它“阿根廷铁陨石”了。你们看到的不是它完整的原石，而是它的一部分。

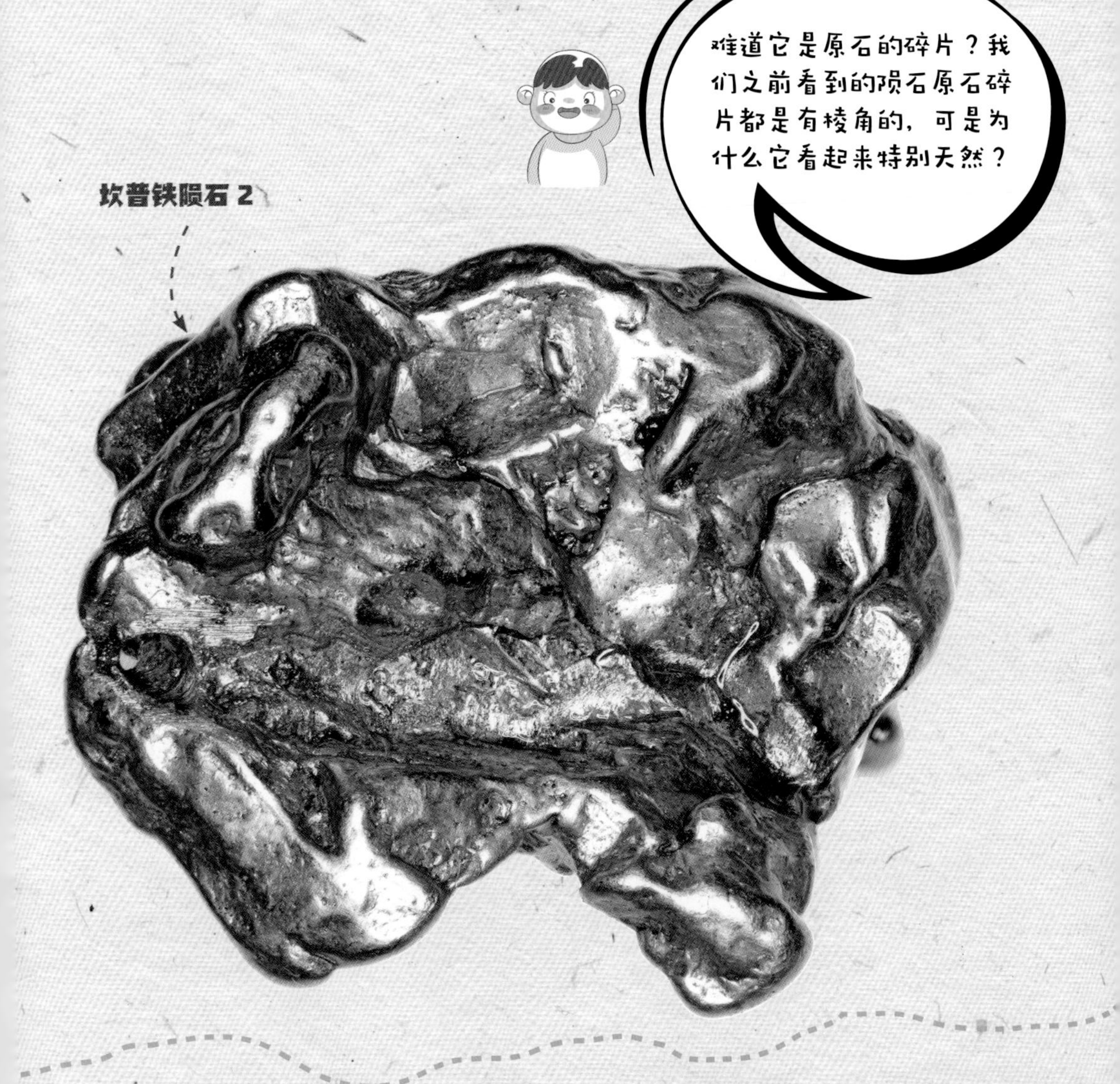
难道它是原石的碎片？我们之前看到的陨石原石碎片都是有棱角的，可是为什么它看起来特别天然？
坎普铁陨石 2

陨石工艺品
——坎普铁陨石球

这要从坎普铁陨石的内部结构说起了。你们好好观察这件坎普铁陨石工艺品，看能发现什么……

这不就是个铁球嘛！我看质量不好，还有很多裂纹！

我发现这些裂纹的形状不规则，和很多市场上销售的小坎普铁陨石接近，是不是它内部就是这样的结构，很容易裂开呢？

是这样的，坎普铁陨石是粗八面体结构，内部含有大量硅酸盐包体，相对于很多铁陨石而言，结构不够紧密，容易破碎和分离。

那它完整的原石是什么样子呢？

坎普铁陨石原石 1

这是两块保存比较完好，几乎没有锈迹的坎普铁陨石。坎普铁陨石一般发现于地下，锈蚀会比较严重。这也是人们把它破碎了销售的原因之一。

坎普铁陨石原石 2

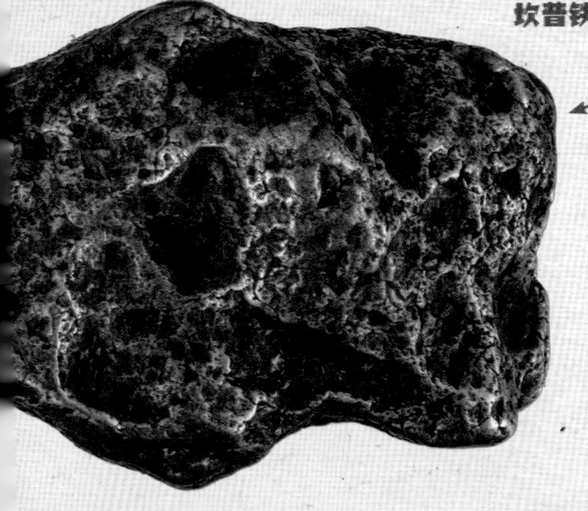

坎普铁陨石熔壳也是黑色的，有些地方露出银白色金属光泽。

局部放大的坎普铁陨石原石 1

它上面的气印好明显！我们再放大看看。

在原石上依然能够看到裂痕。
这些地方熔壳非常完整，还粘着砂子……

我的强力磁铁吸上去都拿不下来了！就和吸铁一样！
坎普铁陨石含镍约 6.67%，含铁量约 92.5%，吸它当然感觉和吸铁是一样的。

局部放大的坎普铁陨石原石 2

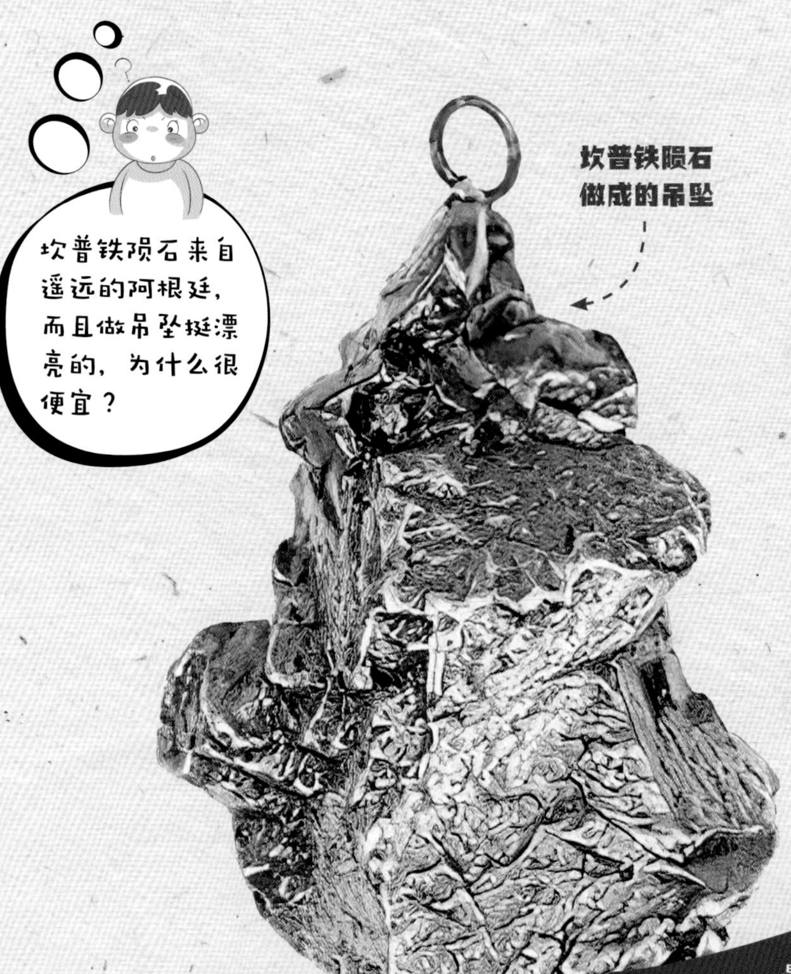
坎普铁陨石来自遥远的阿根廷，而且做吊坠挺漂亮的，为什么很便宜？
坎普铁陨石
做成的吊坠

形成坎普铁陨石的陨石雨是世界上规模最大的铁陨石雨之一，形成了至少 20 多个陨石坑，收集到的陨石多达 100 吨以上……

最大的一块坎普铁陨石重约37吨，排在世界第二位。由于总量大，价格相对较低。不过随着阿根廷禁止陨石出口，坎普铁陨石的价格近年已经涨了几倍。其实陨石作为太阳系馈赠给我们的礼物，每一种都应当得到珍惜与保护。

5 铁陨石之王——吉本（Gibeon）

查阅资料的时候，我发现一种叫“吉本”的铁陨石，有“铁陨石之王”的美誉！

铁陨石那么多种，凭什么它称“王”？

不如让我们一起去看看，
吉本铁陨石有什么特点吧。

吉本铁陨石

我发现它们的熔壳很完整，气印特别丰富，而且还特别明显呢！与之前老师讲的陨石的特征非常一致。

是的，吉本铁陨石从外观上看造型优美奇特，气印非常明显。而且它化学性质稳定，不容易生锈，很多原石保留着完美的熔壳。

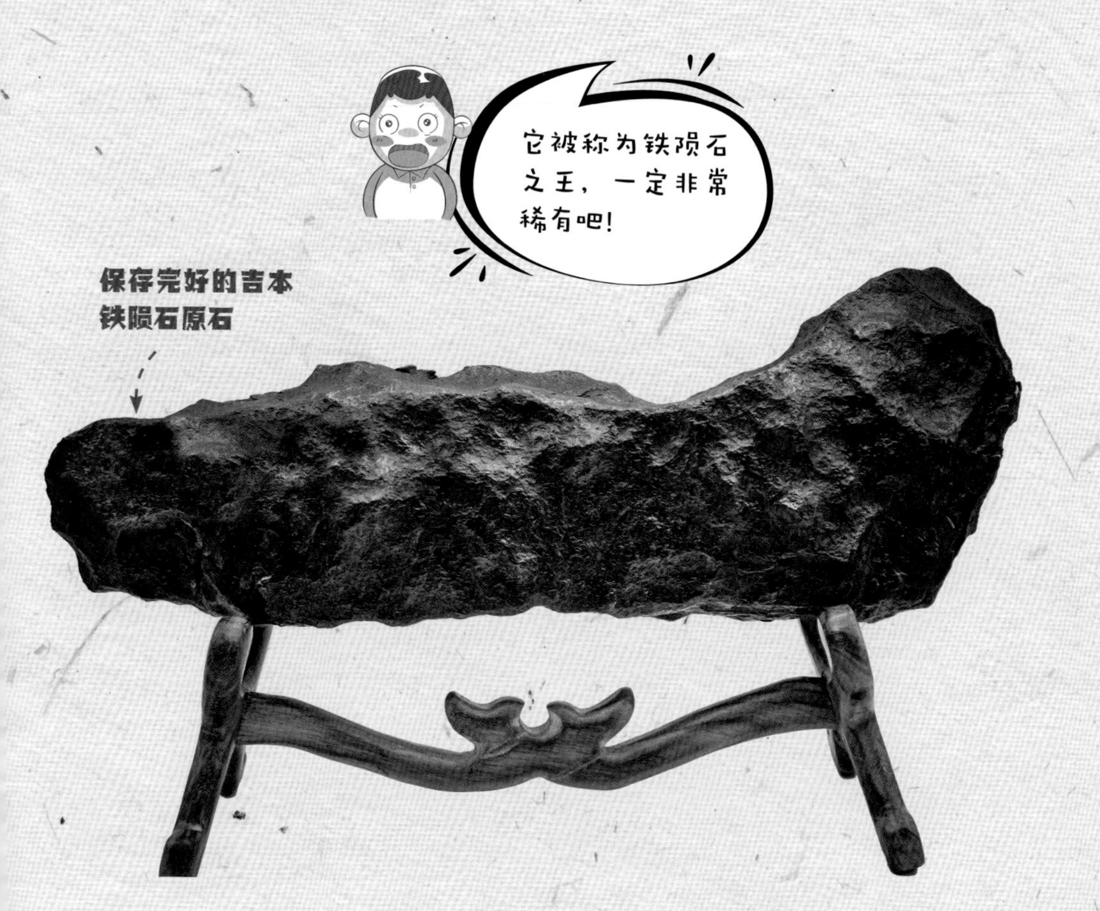
它被称为铁陨石之王，一定非常稀有吧！
保存完好的吉本铁陨石原石

是这样的，吉本铁陨石总量约26吨，近年来纳米比亚严格控制出口，在市场上甚至陨石展会上已经很少能见到了。我有一块尾切标本，你们可以仔细观察观察。

什么是尾切？

尾切也叫作“端切”。用陨石首尾两端中的一端做切片时就是尾切。一面为切面，可显示内部结构，另一面保留着原石的状态，适合作科普标本。

陨石上为什么会有个大洞？

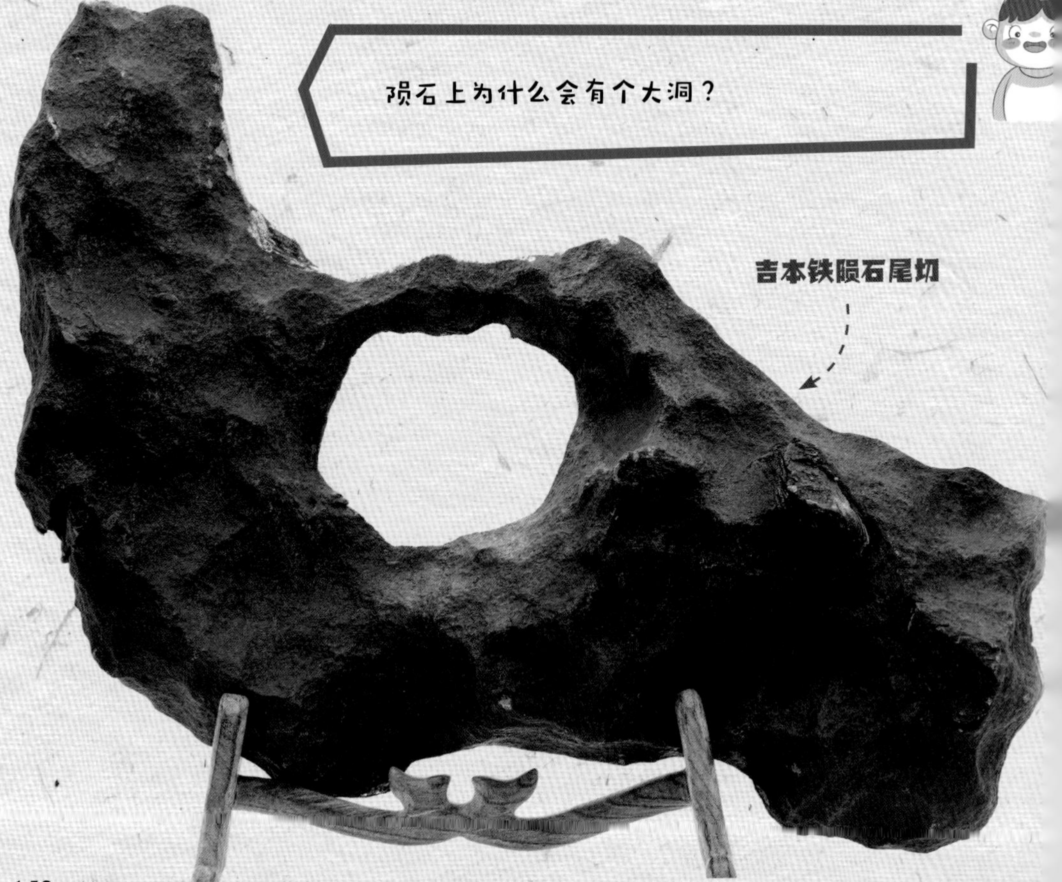

吉本铁陨石尾切

那肯定是个深深的大气印，切片比较薄，它就形成了孔洞。

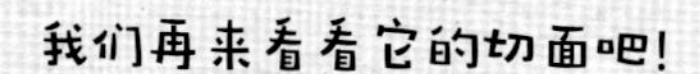

我们再来看看它的切面吧！

哇！它的维斯台登纹真是精致！

可是为什么切面上有很多黑色斑块呢？

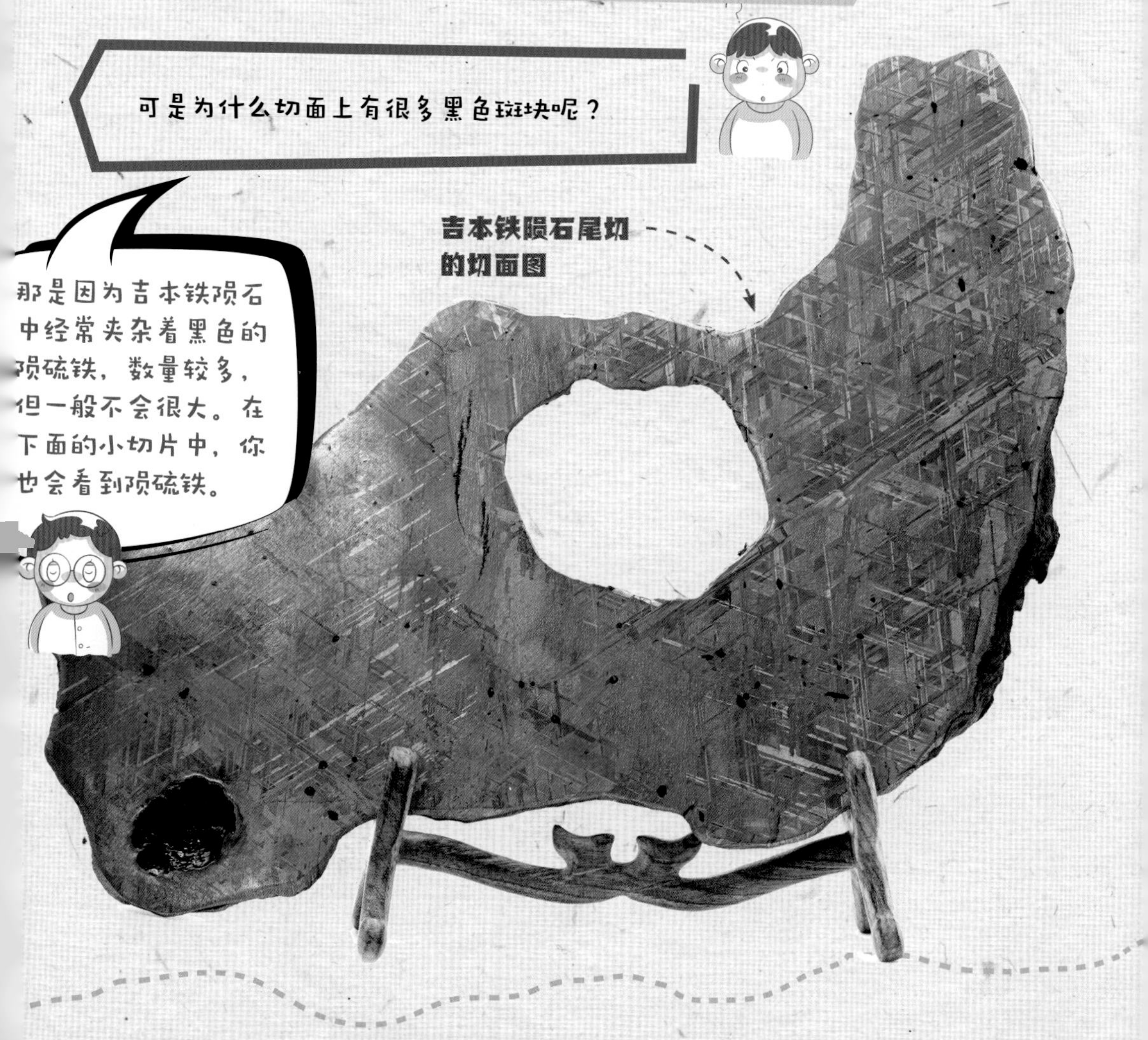
那是因为吉本铁陨石中经常夹杂着黑色的陨硫铁，数量较多，但一般不会很大。在下面的小切片中，你也会看到陨硫铁。

吉本铁陨石尾切的切面图

吉本铁陨石小切片
在这块不大的吉本陨石切片上，分布着那么多陨硫铁啊！
大家再用放大镜仔细观察一下吧！
它的花纹很有立体感！
我看到了很多三角形、平行四边形、梯形和平行线。
吉本铁陨石的维斯台登纹是细八面体结构，与同为此结构的曼德拉铁陨石相比，结构更加精致细腻。在一定角度下，它会呈现出闪闪发光的特质。

吉本铁陨石小切片局部放大

太美了，用它做首饰一定特别好看！

现在用铁陨石做首饰的非常多，不过用吉本的却很少。主要原因还是成本较高。而且它的外形比较好，多数人都会选择收藏原石，一般舍不得把它切开做首饰。目前市场上，只会选择用吉本铁陨石来制作一些高档的铁陨石珠子。

我家里有一方铁陨石印章，应该是吉本铁陨石做的，下次带来给大家看！

6 陨石首饰的首选
——曼德拉（Muonionalusta）

看看我家的吉本铁陨石印章！

瑞典曼德拉铁陨石印章

这不是吉本铁陨石，是曼德拉铁陨石，号称是最古老的陨石。我也有这种陨石。

瑞典曼德拉铁陨石原石
1cm

好多陨石的母体都诞生在46亿年前吧？你怎么肯定它是最古老的呢？

曼德拉铁陨石国际命名为“Muonionalusta”，简称“M铁”。它是1906年在瑞典被发现的，确实有人称其为“最古老的陨石品种”。不过这里所说的古老并非它的母体形成时间最早，而是说它落在地球上的时间非常早。经过科学家的研究，它落地时间大约在100万年前！

原来是M铁陨石，它的维斯台登纹和吉本非常近似！

是这样的，很多人无法区分这两种陨石。大家仔细看看M铁切片上的维斯台登纹。

瑞典曼德拉铁陨石切片
好漂亮呀！花纹独特，纵横交错，确实和吉本很像！
真好看，而且从不同的角度看，花纹好像还在闪动呢！
维斯台登纹不是平面上的花纹，是酸洗后铁陨石表面留下的凹凸不平的痕迹。从不同的角度看，或改变光照角度，反光不同，所以感觉花纹在闪动。用显微镜或放大镜观察，更容易发现这种凹凸不平。
维斯台登纹确实是凹凸不平的，我们还发现了生锈的痕迹。

具有生锈痕迹的曼德拉铁陨石

怎么区分M铁和吉本铁陨石呢？

这两种铁陨石都属于细八面体结构，维斯台登纹比较像。有些人会用M铁来冒充吉本铁陨石销售。不过如果仔细观察，还是可以发现区别的。

为什么人们做铁陨石工艺品更爱用曼德拉铁陨石呢？

吉本铁陨石维斯台登纹特写

曼德拉铁陨石的维斯台登纹不如吉本铁陨石细腻，但是用肉眼看，比吉本更加醒目，或者说更容易被看清。另外就是曼德拉铁陨石比吉本铁陨石价格低廉，人们当然喜欢用它做工艺品了。

铁陨石摆件

我还发现了一个不同，曼德拉铁陨石上的陨硫铁好像少很多。

曼德拉铁陨石制作的陨铁剑

一般而言是这样的，较大型的铁陨石工艺品一般会选择用曼德拉铁陨石来做，比如陨铁宝剑。

不过并非所有的曼德拉铁陨石陨硫铁都少，所有的吉本铁陨石陨硫铁都多，比如下面的这一块！

带有大块陨硫铁的曼德拉铁陨石

曼德拉铁陨石由于坠落地球的时间长，外部形态完好的比较少。但是因为它具有鲜明的维斯台登纹而极具观赏性，成为制作陨石首饰和工艺品的首选陨石，从陨石刀剑到戒指、表盘、挂件等都深受人们的喜爱，使它成为知名度最高的铁陨石之一。

7 受大众喜爱的铁陨石——阿林（Sikhote-Alin）

这里有一种陨石，它好像比吉本铁陨石更符合陨石特征的描述，我判断它是一种铁陨石！

阿林铁陨石

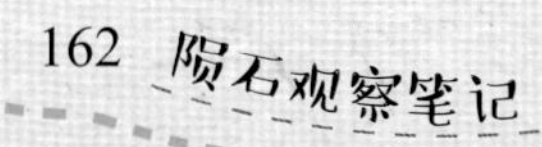

它的熔壳完整新鲜，气印丰富连续，还特别突出。密度大，与磁铁吸附力强，确实和资料上介绍的特征完全能对应上！

这是阿林铁陨石，国际名为 Sikhote Alin，是收藏界的明星陨石。

我们看了那么多铁陨石，为什么阿林陨石的特征比其他铁陨石明显得多？

这要从它的形成说起。1947 年 2 月 12 日，苏联西伯利亚的居民见证了一次震惊世界的陨石坠落事件。一颗流星以每秒 14 千米的速度闯入大气层，并在 6 千米的高空发生爆炸……

西伯利亚上空

一颗流星在高空爆炸。

掉落的陨石在陨落区留下了数个陨石坑，其中一个直径达 26 米、深 6 米。

陨落区

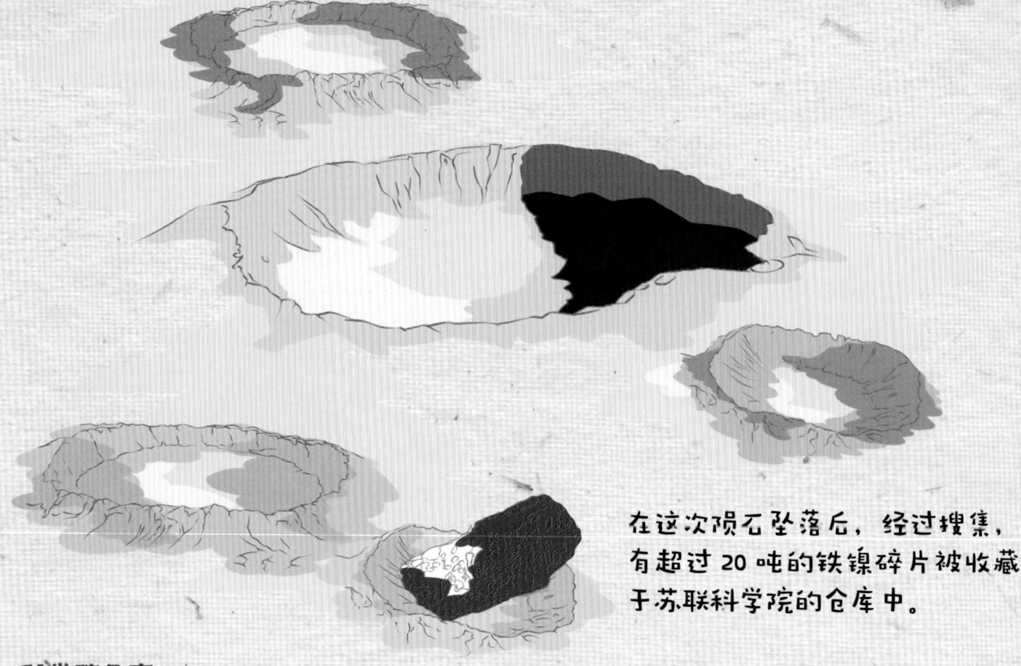

在这次陨石坠落后，经过搜集，有超过 20 吨的铁镍碎片被收藏于苏联科学院的仓库中。

科学院仓库

我们收集到的阿林陨石已经有 20 吨了！

啊！我知道了，阿林铁陨石特征比较明显的主要原因是坠落的时间不长，基本保持着原有的状态。

不仅如此，阿林陨石还有卷边，子弹头，超级熔流线等典型特征。

带有卷边的阿林超级定向陨石

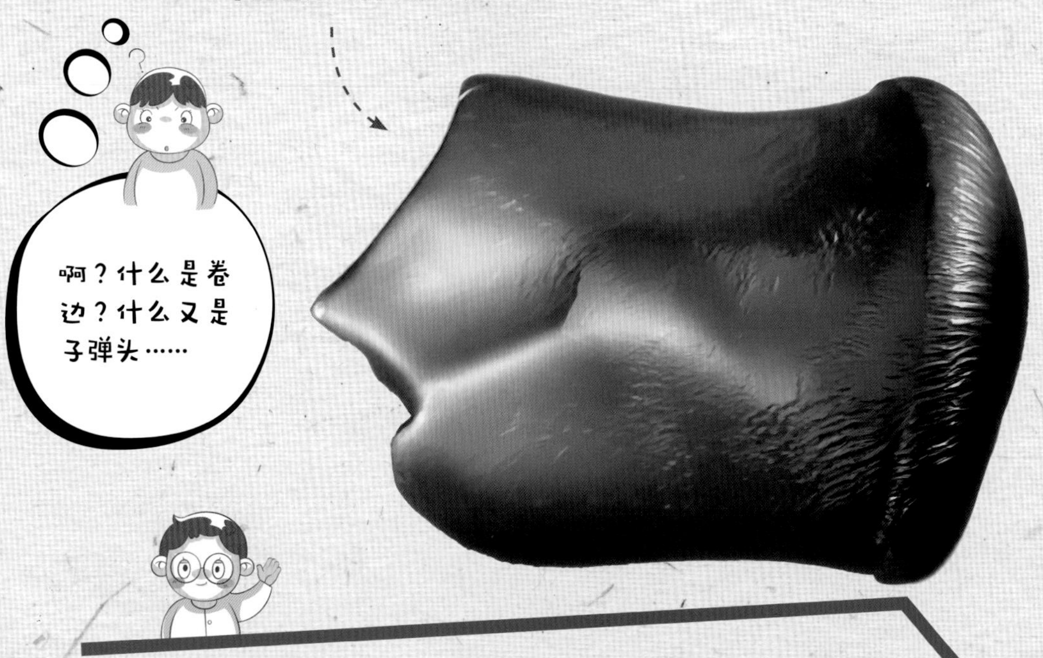
啊？什么是卷边？什么又是子弹头……

这是阿林中的超级定向陨石，个头比较小，因为它飞行中始终朝一个方向，前部受到大气冲击熔化形成了一个圆锥状，人们形象地称其为“子弹头”。陨石表面熔融的部分会流向后面，在形状出现转折的部分聚集形成卷边，或叫作“包缘”“包唇”，也就是民间所说的卷边。上面被吹出的辐射状的线条就是熔流线。

带有熔流线的阿林铁陨石局部放大图

为什么只有阿林陨石具有这些特征？

这些不是阿林陨石的特征，而是定向陨石的特征。流星体的形状是不规则的，一般在大气中会不断翻滚，不会形成明显的熔流线和卷边等特征。阿林陨石中有不少定向陨石，所以才具有这样典型的特征，成为陨石收藏者追捧的对象。其他种类的陨石中，也有定向的。

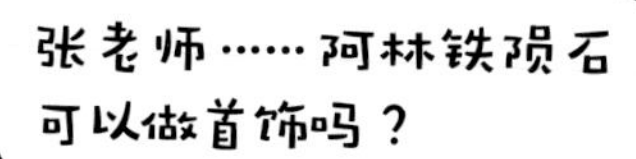
张老师……阿林铁陨石可以做首饰吗？

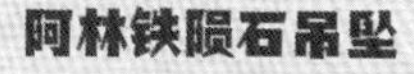
阿林铁陨石吊坠

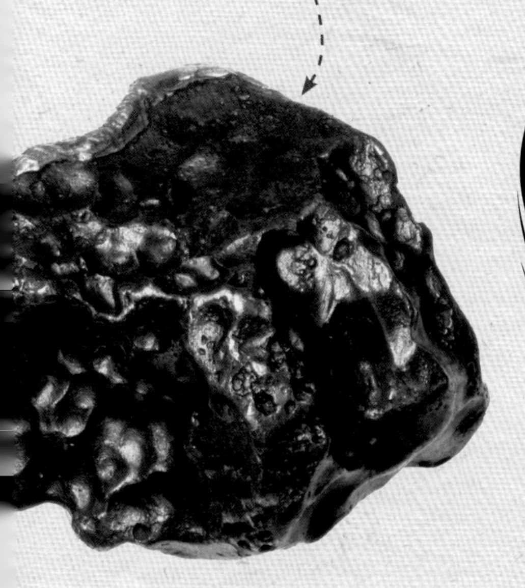

阿林铁陨石是最受欢迎的铁陨石之一，但人们大多收藏原石，目前用它做饰品的并不太多。因为原石最能体现它作为陨石的特征，加工成饰品反而体现不出它的优势。你说呢？

8 含有超导体的铁陨石——蒙德比拉（Mundrabilla）

天文馆陨石展厅

北京天文馆的蒙德比拉陨石藏品

快来看，这有个奇怪的东西！

它竟然也是铁陨石，叫蒙德比拉。

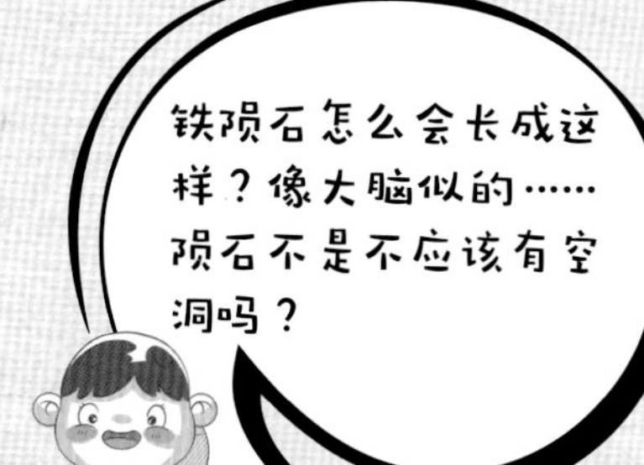
铁陨石怎么会长成这样？像大脑似的……陨石不是不应该有空洞吗？

北京天文馆收藏展示的这块蒙德比拉铁陨石，是由约75%（体积百分比）的铁镍金属和约25%的陨硫铁组成的。因为陨硫铁比铁镍金属的熔点低，陨石穿过大气层时烧蚀陨硫铁，就留下了这些孔洞。在切片上，我们可以看得更加清楚。

蒙德比拉陨石切片

蒙德比拉铁陨石

蒙德比拉的原石都长得像北京天文馆收藏的那样吗？
并不是的。北京天文馆收藏的这一块属于形状很特殊的，常见的蒙德比拉铁陨石和我们常见的其他铁陨石，外观上是比较接近的。

1
2
3
4
5
CM
确实，从这两块原石来看，它们和普通铁陨石还是很像的。

蒙德比拉还有
什么特点吗？

科学家在蒙德比
拉中发现了天然
超导体颗粒。

什么是超导体？

电流通过导体时会有多多少少的能量损耗，但电流通过超导体时能量没有任何损耗。超导体还有很多重要的用途，在尖端科学研究领域具有极大的价值。

实验室内

如果超导体要在极端环境中才能形成，比如外星环境，那么陨石就成为研究的首选。

太棒了！

我检测到超导体了！这是太空中自带超导性的第一证据！

9 沙漠蜥蜴——卡米尔（Gebel Kamil）

嘿嘿，我新收藏了一块卡米尔陨石，熔壳非常独特！

快拿出来让大家欣赏欣赏吧！

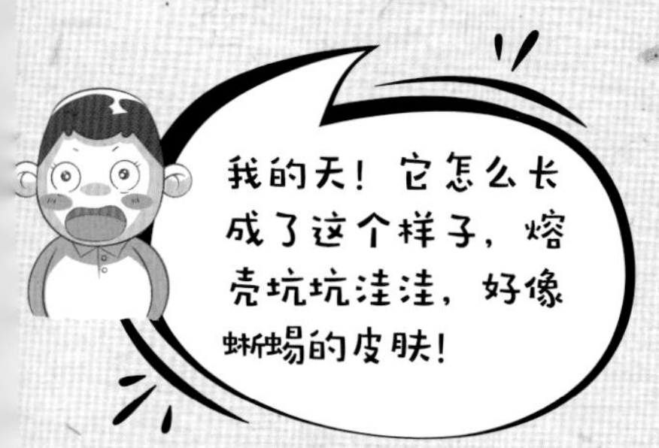
我的天！它怎么长成了这个样子，熔壳坑坑洼洼，好像蜥蜴的皮肤！

你说得非常好！“蜥蜴皮”正是卡米尔陨石突出的外部特征之一……

卡米尔陨石发现于埃及沙漠深处的“Gebel Kamil”陨石坑周边，发现时间是 2009 年 2 月 19 日。当时发现的主体 Gebel Kamil 陨石重约 83 千克，其余个体均为弹片飞溅形状，总重共计 1600 千克。

我发现卡米尔陨石的正面和背面不一样。正面坑坑点点，确实像沙漠蜥蜴的皮肤，但背面就不像了。

卡米尔原石
（地表料）反面

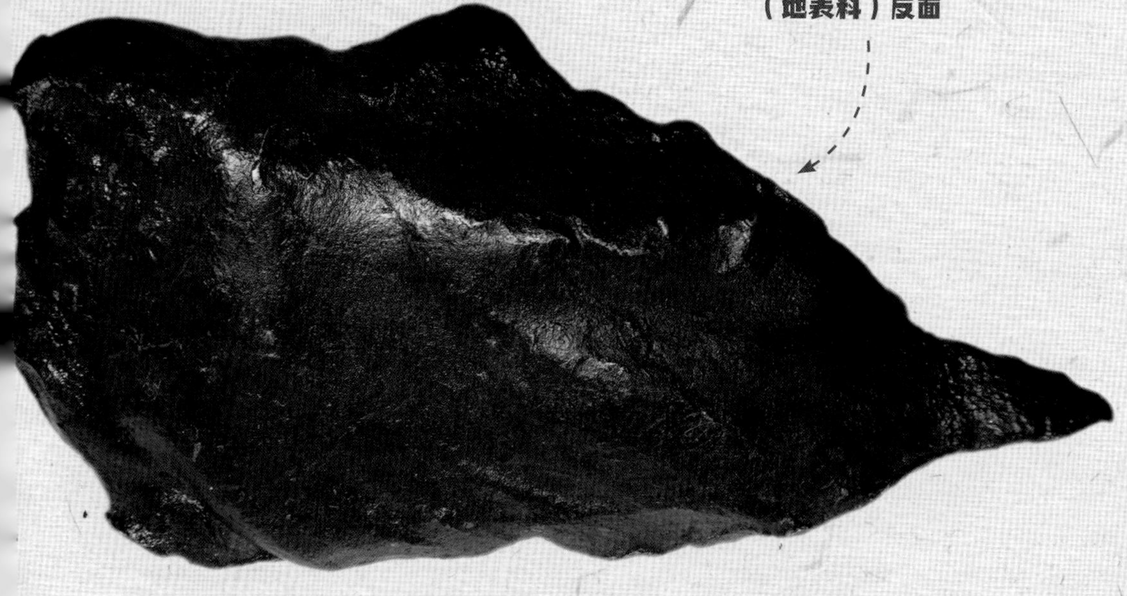

沙漠中的蜥蜴照片

难道这种陨石能够模仿蜥蜴，正面是后背坑坑洼洼，反面是肚皮细腻一些？

卡米尔陨石正面局部特写

卡米尔陨石正反两面差异确实比较大。你们可以再仔细观察观察，看看能否发现其他不同点，并想一想发现时它的哪面朝天哪面朝地？正反两面的形态特征和它所处的环境有没有关系？

卡米尔陨石反面局部特写

这块陨石的反面锈迹斑斑，还粘了很多沙子。

而正面比较干净，也很少有锈迹。

为什么会这样？

沙漠干燥少雨，朝上的一面很少接触水分，因而不易生锈。但是沙漠风沙大，受到风沙的侵袭它的表面变得坑洼不平。而朝下的那一面会接触到更多来自地下的水分，铁锈自然会多，但是它不会受到风沙的侵袭，坑洼会少一些……

我有新发现！很多卡米尔陨石的边缘部分都很薄而且是卷曲的。

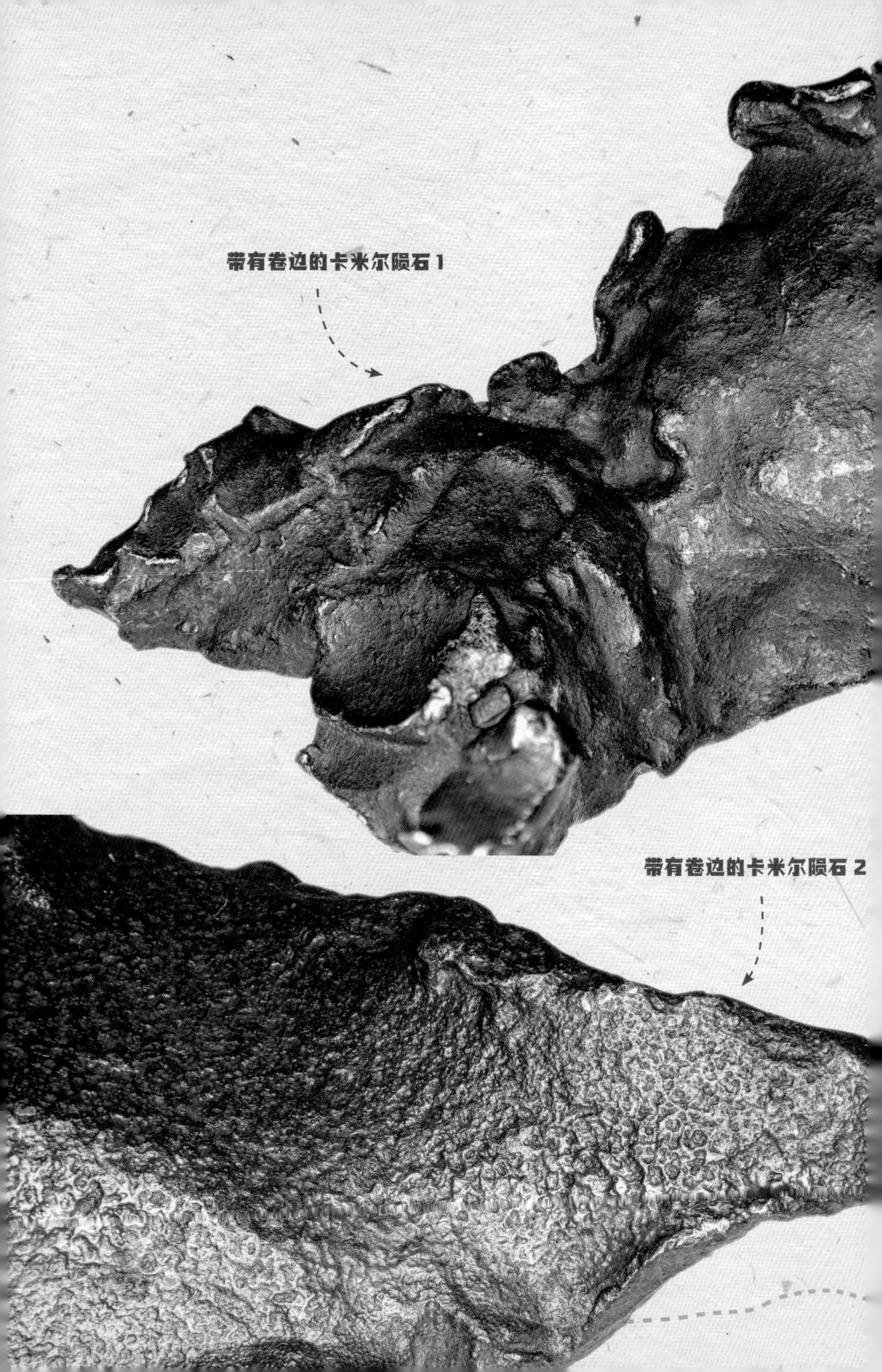
带有卷边的卡米尔陨石 1
带有卷边的卡米尔陨石 2

这块卡米尔陨石上的卷边好多呀！我们来看看吧！

好奇怪呀！为什么卡米尔陨石有那么多卷边？

你们也注意到了，卡米尔陨石有很多是片状的，带有明显的卷边。这与它的形成有关……

形成卡米尔陨石的流星体在撞击地面时发生了剧烈的爆炸，把地面炸出了一个宽约 45 米，深约 16 米的陨石坑。它可能是目前地球上保存最完好的陨石坑了。陨石爆炸的碎片像炸弹的弹片一样飞溅，由于这些“弹片”的表层已经软化甚至成为液态，因此在大气中飞行时被吹向后方并在边缘处翻卷，固化后形成卷边。

我发现了几块卡米尔陨石，可它们都没有“蜥蜴皮”，这是为什么？
是不是它们都陷进了地下，风沙吹不到它们？

卡米尔陨石撞击地面发生爆炸

是的，你们看得非常仔细，推测也特别合理！卡米尔陨石和很多铁陨石一样，分为地表料和地下料。地表料锈蚀比较轻微，也有蜥蜴皮的特征。地下料就是完全埋在地下的铁陨石，往往锈蚀要严重一些，没有蜥蜴皮特征，外观也不如地表料好看。

我还有个发现，卡米尔铁陨石生锈情况比南丹和阿勒泰等铁陨石少得多！
我知道这是为什么。它落在了埃及沙漠，那里干旱不容易生锈。
说得非常好，但除了环境干旱以外，还有两个因素。第一，卡米尔陨石的镍含量非常高（19.8%），接近不锈钢，不容易生锈；第二，它落到地球上只有几千年，时间短也是它生锈少的一个重要原因。

我记得镍含量超过16%就是富镍陨石，不会有维斯台登纹。卡米尔陨石也没有维斯台登纹对吧？

是的，所以我们见到的卡米尔陨石基本都是原石。有些人也用它做吊坠等饰品，用的也都是原石。

值得一提的是，卡米尔陨石坑是通过“谷歌地球”无意中发现的，这为人们开展相关研究提供了新思路。其实在信息化日益发达的今天，很多普通人能够通过一些软件获取到有用的信息，开展以往只有科学家、探险家才能开展的工作，让更多的人参与到科学研究中来。不知你是否受到启发，希望更多人利用好现代化信息手段，开展有价值的研究工作！

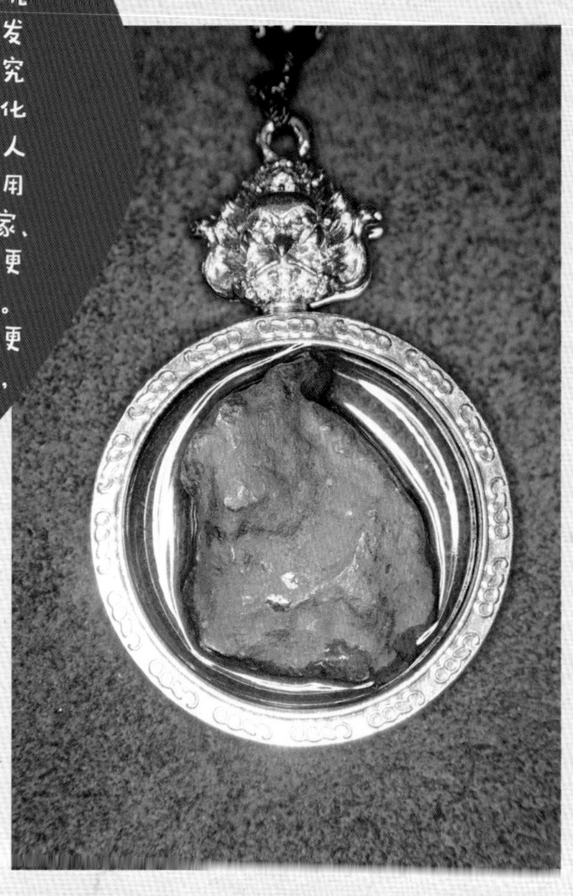

卡米尔陨石吊坠

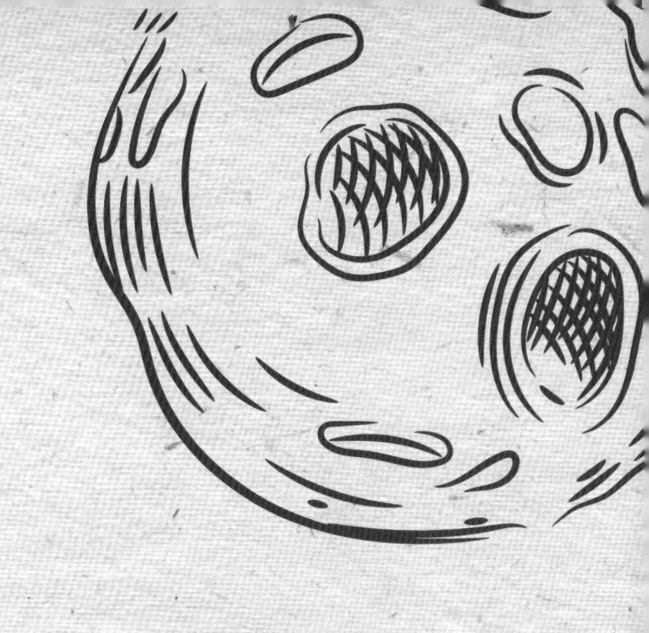

第六章
常见的橄榄石石铁陨石观察

7 丢失的国宝——阜康（Fukang）

今天我们来认识另外一种陨石，这是它的切片。

这是陨石？难以置信！它就像把宝石镶嵌在了白金里！

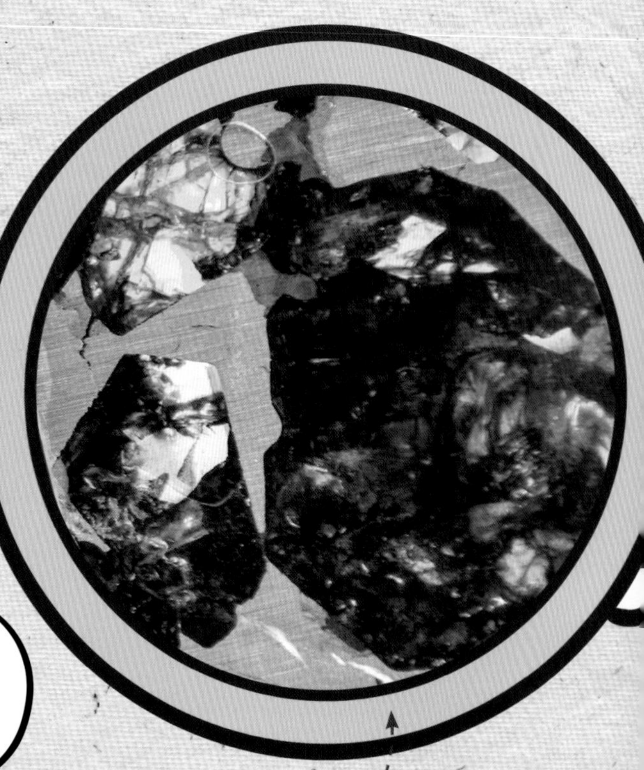

阜康陨石切片

哇！它真是太美了！

这就是传说中的橄榄石石铁陨石吧！

没错！这就是著名的新疆阜康橄榄石石铁陨石！

是新疆的陨石啊！太好了，它的原石是不是也像阿勒泰那样陈列在博物馆里呢？我去旅游的时候一定要看一看！

非常可惜，阜康陨石早已被卖到国外了。现在我们看到的阜康陨石切片，也是从国外回流的，这可以说是中国陨石界的一大损失。2000 年，很多人带着先进仪器和工具来到新疆阜康附近的戈壁滩寻找坠落的陨石。一位当地的居民没有任何工具和设备，却在戈壁滩深处发现了重约一吨的阜康陨石。

哇，我竟然捡到宝贝了！

他没有通知国家相关部门，而是把陨石用货车拉回家藏了起来，寻找买家。一个叫麦克·法米尔的美国人找到他，用几十万元人民币买走了这块被称为“最美丽”而且稀有的陨石。

Thank you！
谢谢你！

法米尔以铁矿石的名义把阜康陨石运到了美国，切割收藏并销售，获利数千万！拍卖会上，阜康陨石的克价曾超过 300 美元！

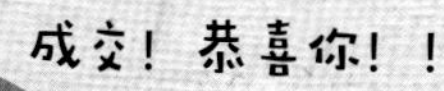
成交！恭喜你！！

我国能见到的阜康陨石都是从美国花高价买回来的，至今人们还没找到第二块阜康陨石的原石。

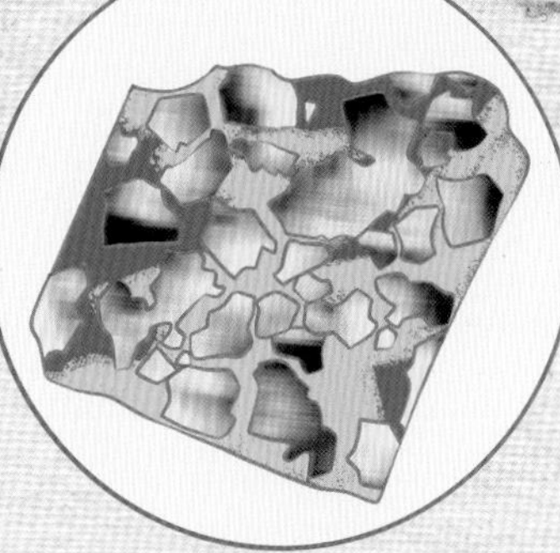

真是太可惜了！就算想赚钱，也应该把阜康陨石卖给我们中国人啊！

当年我国的陨石市场还没有形成，很难找到能出高价的国内买家，这在一定程度上造成了陨石的流失。

我听说过橄榄石石铁陨石，种类还是挺多的，有的好像也没有那么贵。

阜康陨石的珍贵不仅因为流通量小，而且它被誉为最美丽的陨石。大家仔细观察观察它的特征。

它的橄榄石透明度高，有很多是绿色的。

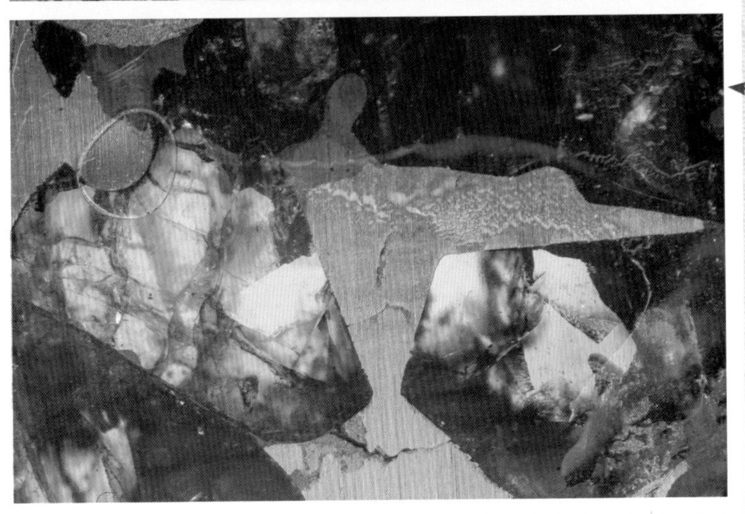

阜康陨石照片

阜康陨石中橄榄石的比例也很高！

它的橄榄石虽然有裂纹，但是没完全裂开，和铁镍部分结合得很好。

橄榄石的特写

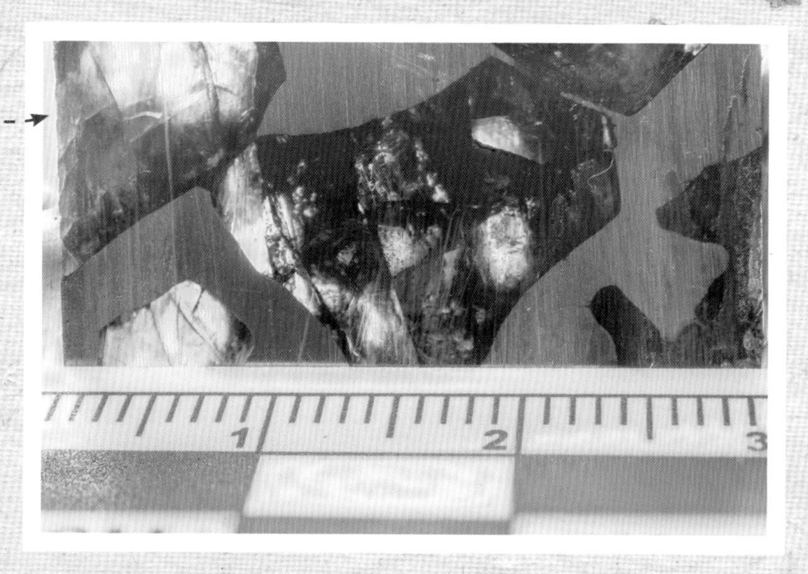

橄榄陨石以其中橄榄石的品质来看，颗粒大、透明度高、颜色绿为最佳。而阜康橄榄石石铁陨石无疑占尽了高品质橄榄陨石的所有特点，所以被称为“最美丽的陨石”“橄榄陨石之王”，实至名归。

阜康陨石那么漂亮，一定很适合做首饰吧？

理论上非常适合，但它的存量和流通量都太少，做首饰会有加工损耗，人们一般都收藏切片，很少有人舍得用它加工首饰或工艺品。希望有一天，人们会找到第二块甚至更多的阜康陨石。

2 橄榄陨石皇后——伊米拉克（Imilac）

伊米拉克陨石原石

大家看这块陨石，它的样子好怪！

它的气印为什么都是有棱角的？这不合理！

确实很怪，有那么多洞。仔细看，上面还有金黄色的晶体，它好像是橄榄石石铁陨石。

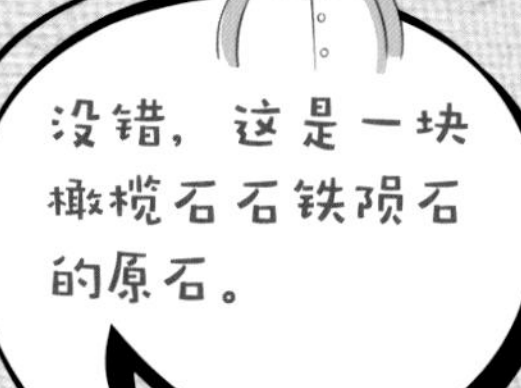
没错，这是一块橄榄石石铁陨石的原石。

原石上的那些“坑”不会是橄榄石晶体脱落形成的吧！
是的，那些不是气印，是脱落的橄榄石晶体形成的。这种橄榄石石铁陨石叫伊米拉克，国际命名“Imilac”，1822 年发现于智利阿塔卡马沙漠，有橄榄陨石皇后之称……

这个是什么东西？

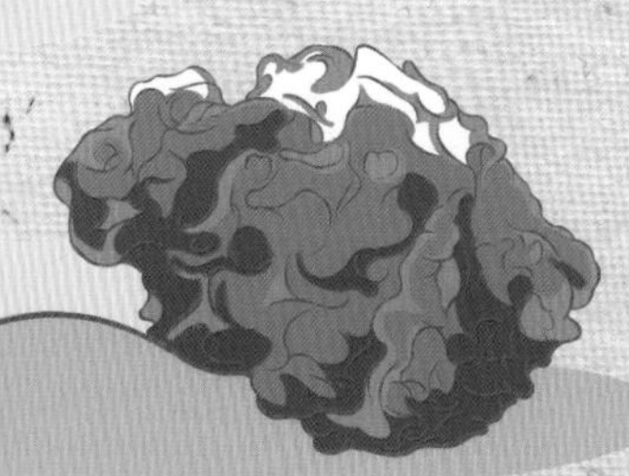

这是一块由镍铁和橄榄石
晶体组成的陨石！

上面的黄色或橙色晶体大多是断裂的，
而且表面有的地方被风化脱落……

这些框架确实非常奇特，不过我觉得并不好看，为什么人们把它称为橄榄陨石中的皇后呢？

难道是因为它长得像一位很丑的皇后？

剩余的铁镍形成了框架结构，这种形状非常有趣。

在陨石圈的人看来，它的外观是很美的，如果看看它的内部，恐怕大家都会觉得它很美了。

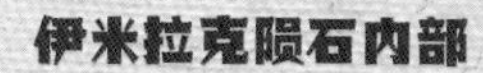
伊米拉克陨石内部

透明度也很高！

它的橄榄石颜色金灿灿的，而且颗粒好大！

伊米拉克陨石中的橄榄石

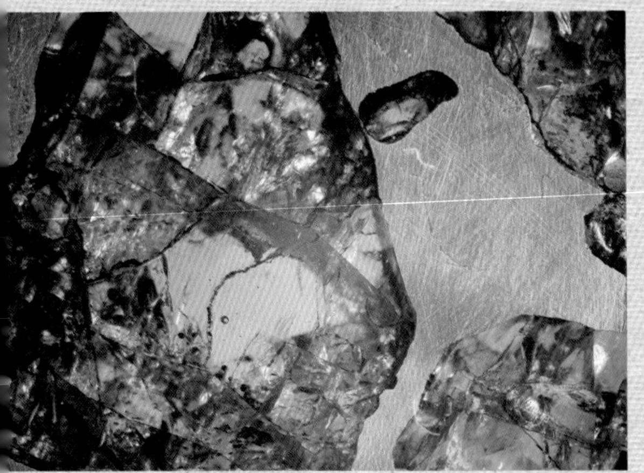

伊米拉克陨石切片

我用放大镜看，它的橄榄石有很多裂纹，有些地方还会折射出七色光呢！

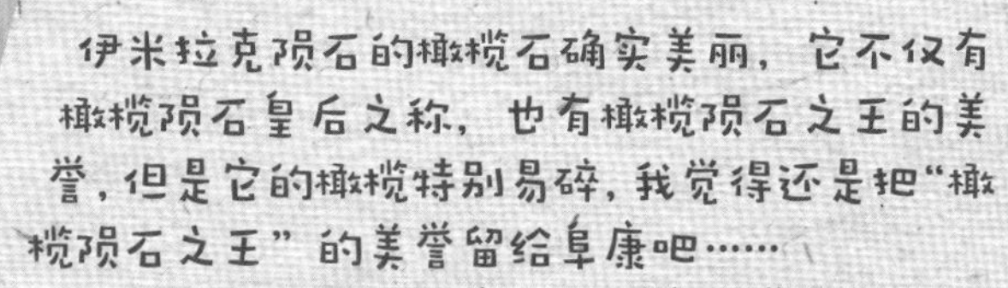

伊米拉克陨石的橄榄石确实美丽，它不仅有橄榄陨石皇后之称，也有橄榄陨石之王的美誉，但是它的橄榄特别易碎，我觉得还是把“橄榄陨石之王”的美誉留给阜康吧……

我们不仅会在原石上看到因为它脱落留下的孔洞，在很多切片上也会发现橄榄石破碎脱落，所以我们看到的伊米拉克切片都是用树脂封存加以保护的，用它加工的工艺品也极为少见。

伊米拉克陨石吊坠

3 曾被误解的陨石——随城（Seymchan）

大家看，这里有一柄铁陨石烤蓝茶刀，我觉得它比之前见过的那把阿勒泰铁陨石的烤蓝茶刀更漂亮！

橄榄陨石烤蓝茶刀

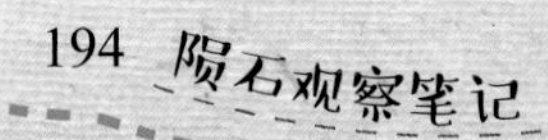

真的耶！尤其是上面的蓝色，显得特别纯正！我特别喜欢！

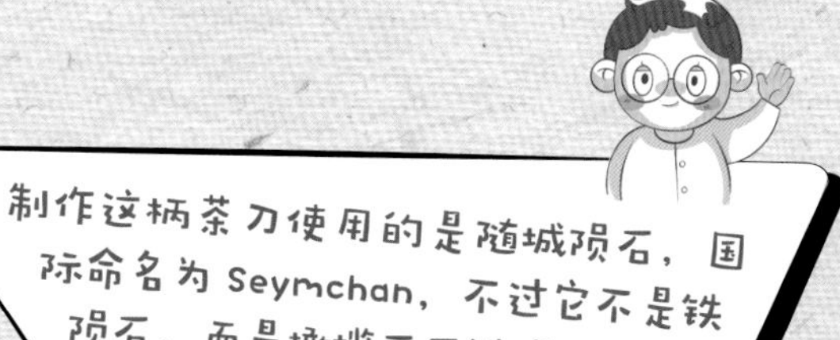
制作这柄茶刀使用的是随城陨石，国际命名为 Seymchan，不过它不是铁陨石，而是橄榄石石铁陨石。

我反复看了半天，没有橄榄石啊？怎么可能是橄榄石石铁陨石呢？

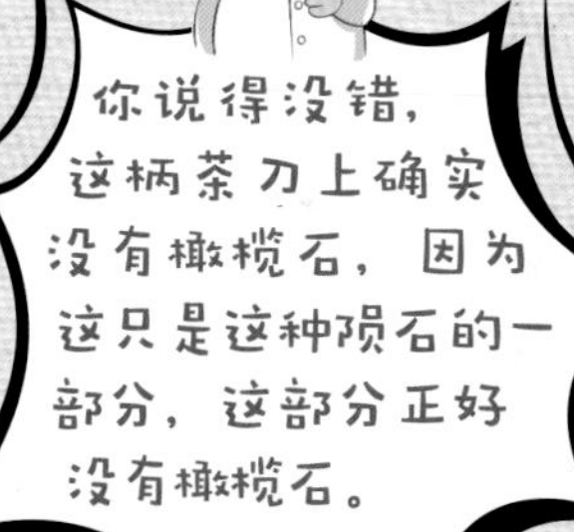
你说得没错，这柄茶刀上确实没有橄榄石，因为这只是这种陨石的一部分，这部分正好没有橄榄石。

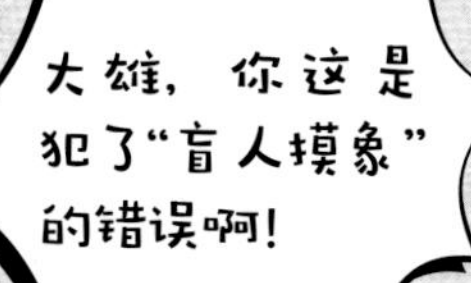
大雄，你这是犯了“盲人摸象”的错误啊！

也不能这样说他，科学家在刚发现这种陨石的时候也以为它是铁陨石……

1967 年 6 月，苏联地质工作者发现了 Seymchan 陨石的主体，重约 300 千克。随后，另一块重约 51 千克的成对陨石也被发现。

苏联的研究所里

这块陨石还不小呢!
当时科研人员切割取样部分为金属质地，导致Seymchan 陨石被错误地分为 IIE 型铁陨石。

就把你划分为 IIE 型铁陨石吧!

一位德国收藏家购买了一块重 51 千克的这种陨石，切割以后发现 Seymchan 陨石中有橄榄石。

这里面有橄榄石！
51 千克

2007 年，国际陨石学会命名委员会将 Seymchan 陨石的分类重新修订为橄榄石石铁陨石。

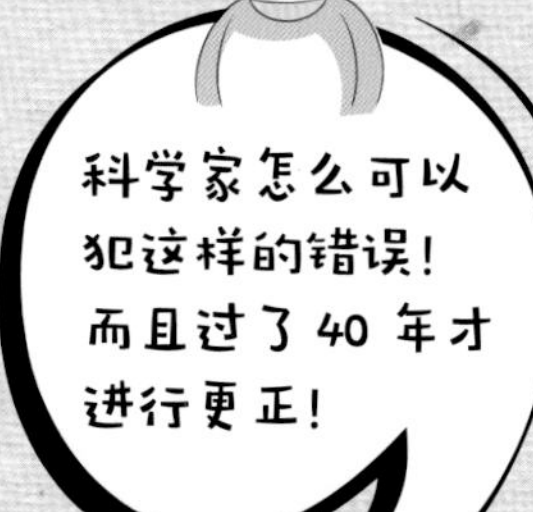
科学家怎么可以犯这样的错误！而且过了 40 年才进行更正！

最初的研究人员其实并没有犯错，按照惯例，人们发现陨石后会切下来一小块（通常 20 克左右）进行研究……
而随城陨石的金属部分占比很大，不要说 20 克，就是 2 千克都可能不包含橄榄石，只有金属部分。当时检测的样品属于铁陨石类型，当然归为了铁陨石。人的认识就是在不断修正中提高的。

这是一块随城陨石大切片，一般人哪里看得出它是橄榄陨石呢？
好吧，我懂了！

那它的原石是不是也很像铁陨石呢？

快来看，这里就有一块随城的原石！

随城陨石的切片

随城陨石的原石

丰富的气印、铁锈的颜色……怎么看都像铁陨石！

是啊，只有在某些切片上才能看到橄榄石，比如这块切片！

让我看看……随城陨石中的橄榄石一般都有棱角，以黄绿色为主，也有些发黑呢。

随城陨石切片中的橄榄石

起初，人们并不太欣赏随城陨石，甚至有人说它是最丑的橄榄陨石。不过近些年，人们的观念有所转变。由于陨石资源比较稀缺，而且随城中的橄榄石品质较高，铁镍部分不易生锈，特别是那些有绿色橄榄石的已经成为高端橄榄陨石了，现在人们一般收藏其切片，还有些高端饰品会用随城陨石制作。

随城陨石制成的收藏品

4 性价比较高的橄榄陨石——赛里乔(Sericho)

橄榄石石铁陨石好漂亮，但是好贵啊！

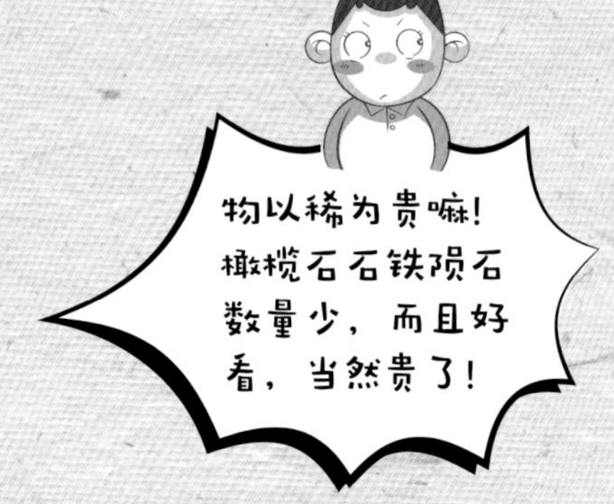

物以稀为贵嘛！橄榄石石铁陨石数量少，而且好看，当然贵了！

为什么就没有好看又便宜的橄榄陨石？

还真有这样的陨石，我带你们去看一看。

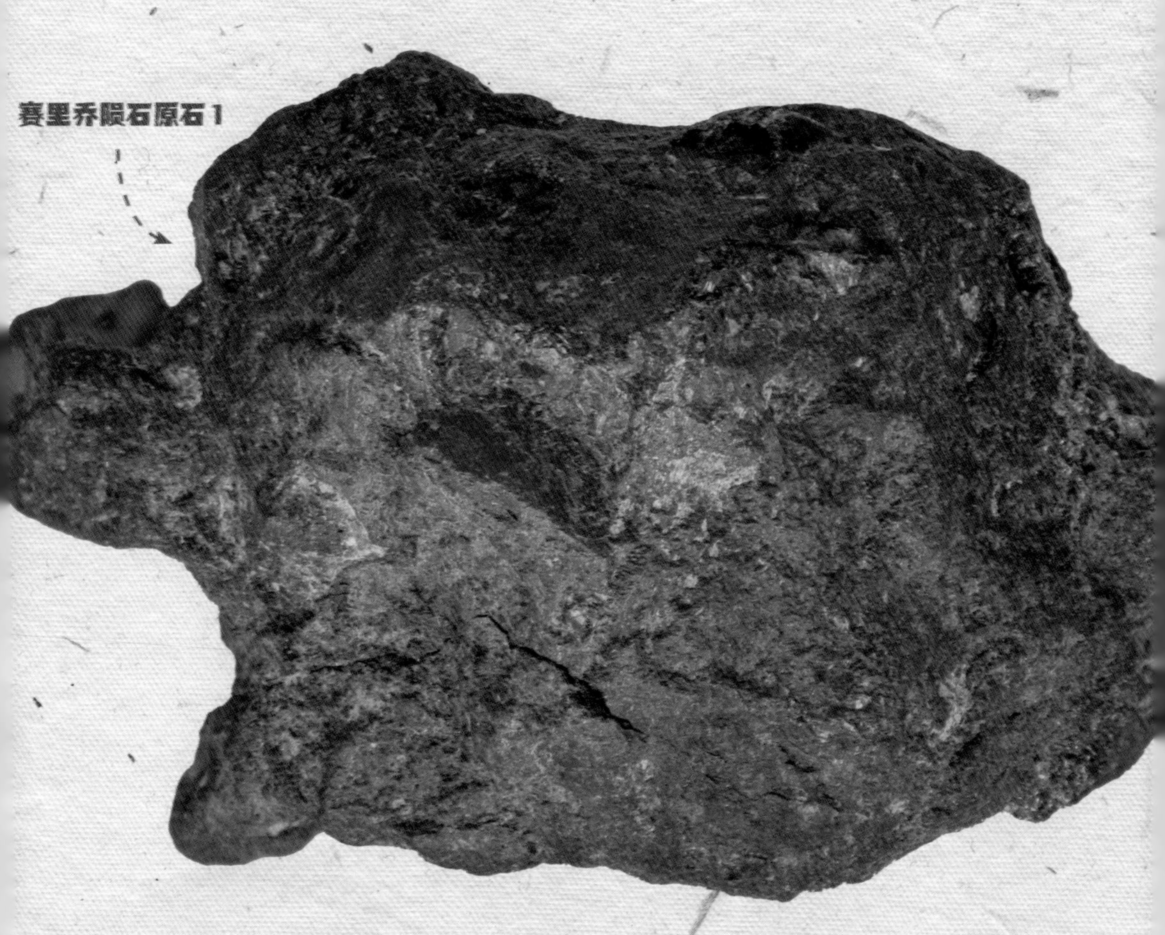
赛里乔陨石原石1

这是橄榄陨石？哪里有橄榄石？这明明就像是一块废铁！

橄榄石石铁陨石一般锈蚀都非常严重，如果没有破碎的话，从外表很难看到橄榄石，不过也有例外，你们仔细看看下面这块原石的表面。

赛里乔陨石中的橄榄石
哇！这里有黄色的橄榄石，而且透明度非常高！
其实表面暴露着橄榄石的陨石原石也不少，但是多数处于表层的橄榄石是黑色的，也几乎不透明，很难看出来。像这种表层橄榄石就很透明且颜色艳丽的赛里乔橄榄石石铁陨石不常见。例如下面这块，你们能看出哪里是橄榄石吗？
赛里乔陨石原石 2

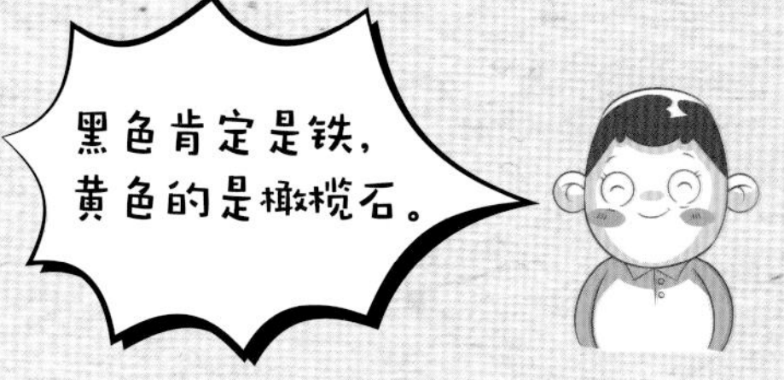
黑色肯定是铁，
黄色的是橄榄石。

确实不好分辨！

恰恰相反，黑色部分是橄榄石，黄色部分是生锈的铁。赛里乔橄榄石石铁陨石中的橄榄石品质，整体上看不如一些知名的橄榄石石铁陨石透明，颜色也更暗一些，但也有一些品质高的。

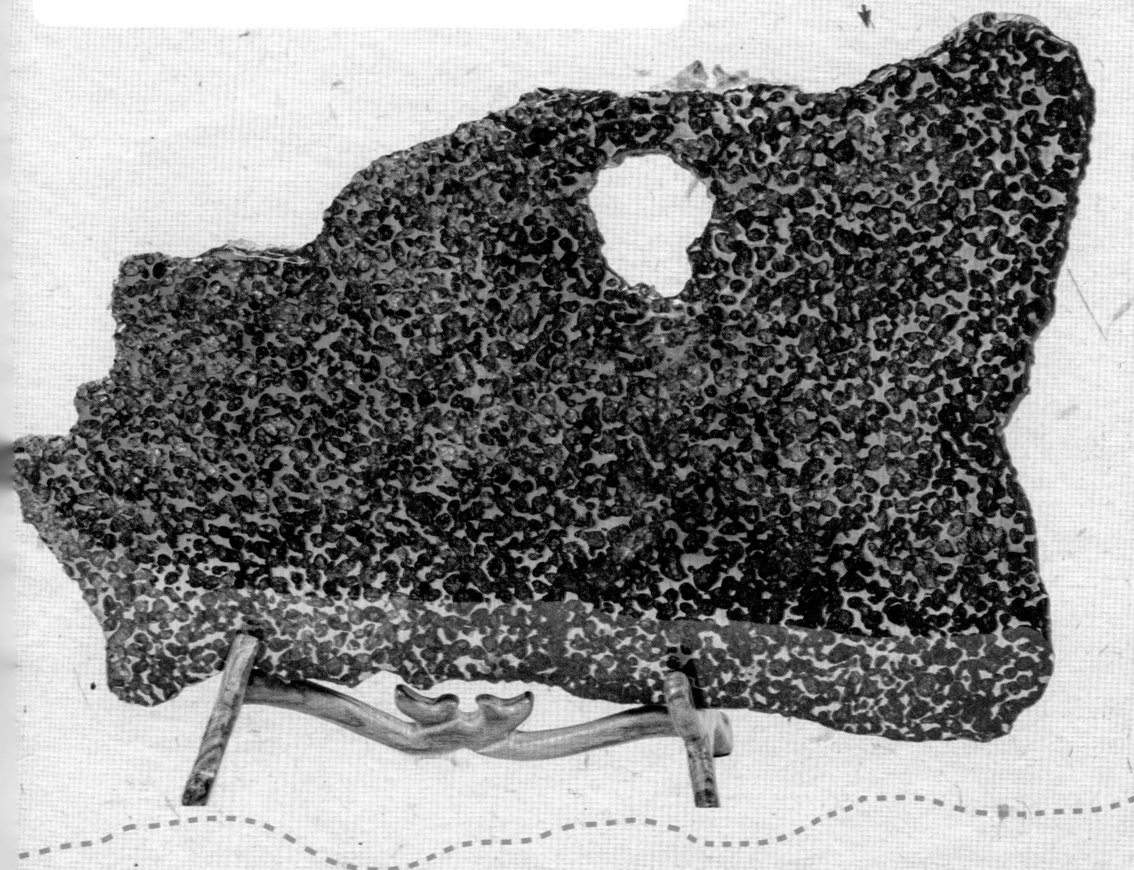
赛里乔陨石尾切

这种陨石发现于肯尼亚的“Sericho”（音译为赛里乔），人们习惯称其为肯尼亚橄榄石陨石。这是一块尾切，很厚，不过依然可以看到上面有很多金黄色透明的橄榄石。你们再看看较薄的切片。

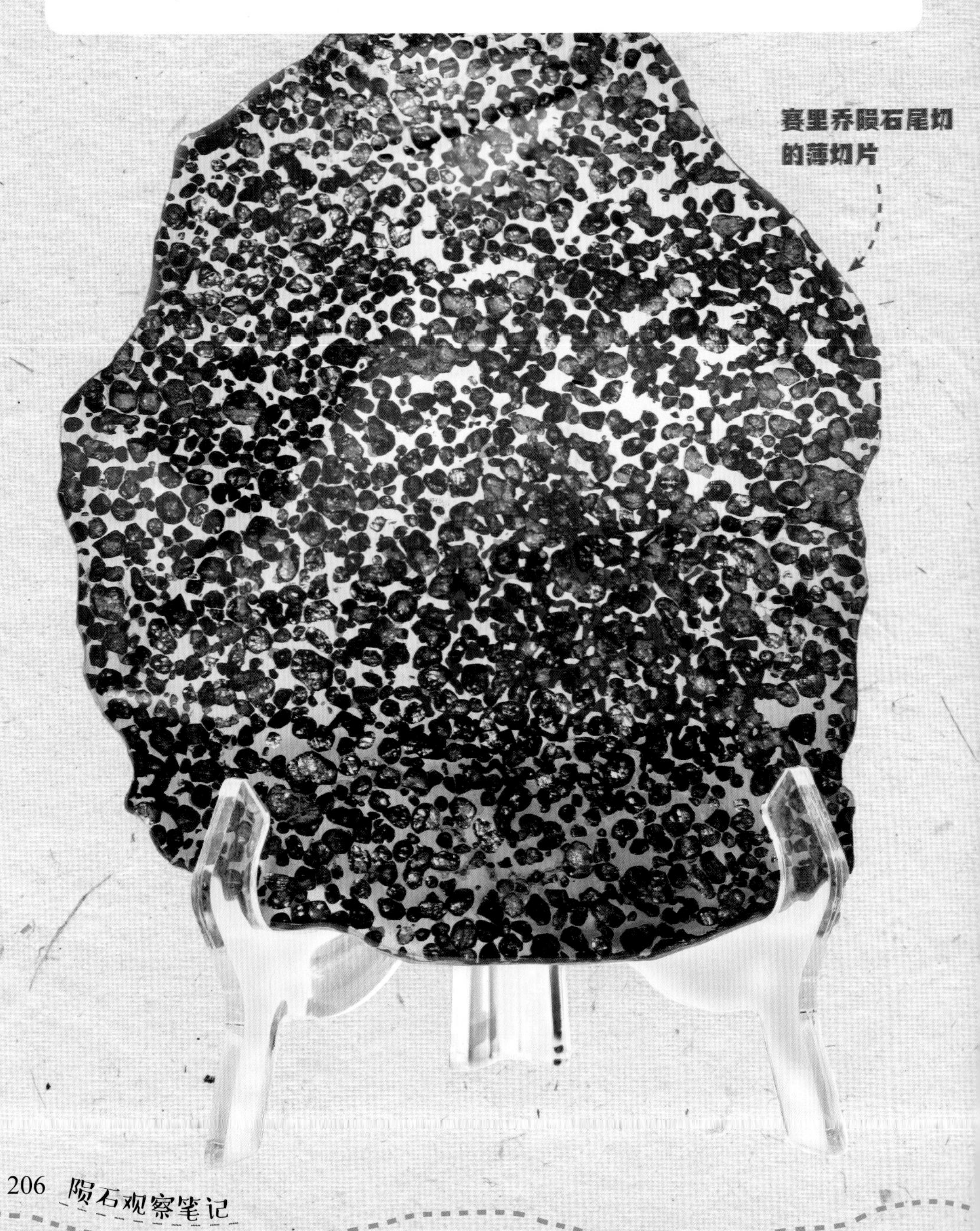

赛里乔陨石尾切的薄切片

真漂亮，我感觉和随城陨石差不多。
总觉得哪里还是不一样，但我又说不出来……
你们仔细看，赛里乔橄榄陨石上的橄榄石好像没那么多棱角，而且黑色多一些。
是的，相对于随城陨石，它的橄榄石更圆润，棱角少一点。
赛里乔橄榄陨石确实也挺漂亮的，为什么它比随城陨石便宜那么多呢？

主要原因还是因为它的流通量大。赛里乔橄榄石陨石总共发现约 30 吨，在橄榄石陨石中是量最大的，而且主要在中国市场流通。此外，它的橄榄颗粒相对更小，透明度、颜色比起随城陨石都稍微差一些，更无法和阜康陨石、伊米拉克陨石相比。高品质的赛里乔陨石原石不多，所以售价低，普及度高。

如果买原石的话，根本看不到里面，怎么知道品质好不好？感觉这和买翡翠原石的赌石一样，好难！

其实没那么难！石铁陨石也是地表料比地下料品质好……
地表料氧化层薄，能看到橄榄石晶体。地下料不仅铁镍部分锈蚀严重，橄榄的氧化程度也过高，颜色过深，透明度差，品质就差很多了。

我现在明白为什么同样是赛里乔橄榄陨石，价格却差异那么大了。

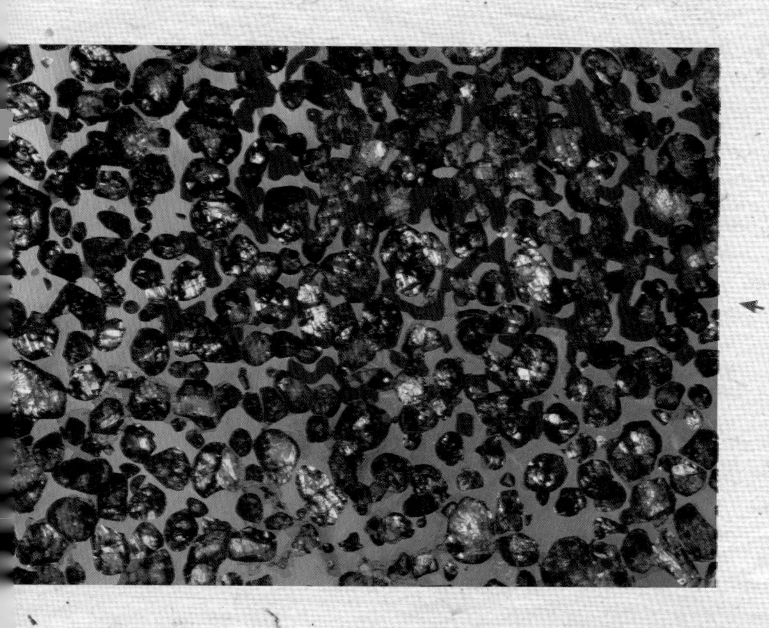

高端赛里乔橄榄石石铁陨石

低端赛里乔橄榄石石铁陨石

目前赛里乔橄榄石石铁陨石大部分都是用来做切片和首饰，随着消耗量的增加和市场流通的减少，价格估计很快就不会如此低了。石铁陨石除了橄榄石石铁陨石，还有中铁陨石。以后有机会再带同学们去观察。

S925

赛里乔陨石做的首饰

赛里乔陨石偏光照片

精品陨石鉴赏

陨石观察笔记

藏品名：定向陨石集群
收藏者：刘博之
备注：放大的陨石是按照某一固定方向飞行、未发生翻滚的流星体，这类外形的陨石较为稀有。

精品陨石鉴赏

陨石观察笔记

藏品名：超级定向“纽扣”
国际命名：TAZA（NWA859）
收藏者：刘博之
备注：此陨石“水滴状”熔流线，是随着气流被吹到流星体尾部。

精品陨石鉴赏

陨石观察笔记

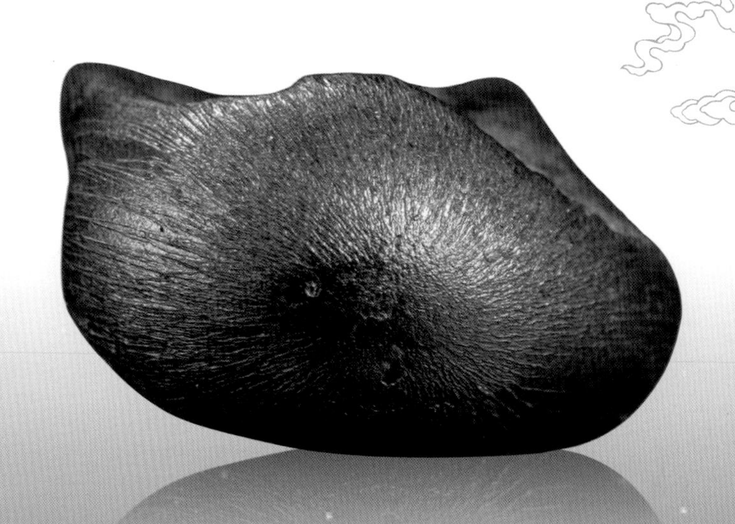

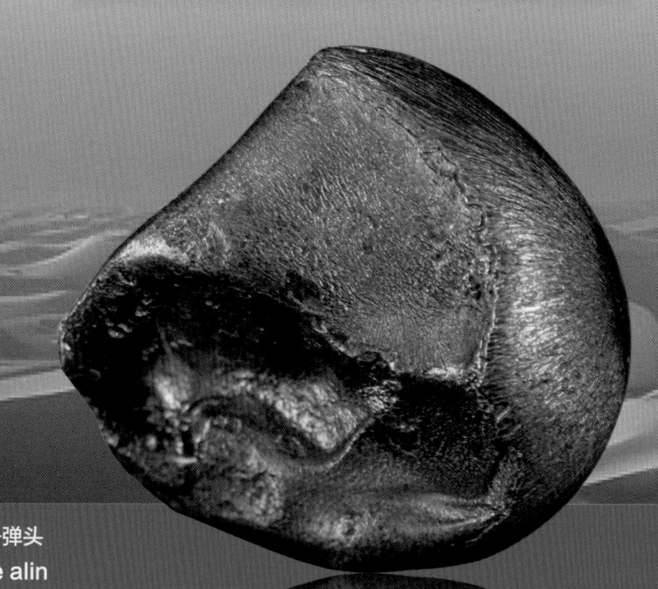

藏品名：超级定向子弹头
国际命名：silkhote alin
藏品重量：23.8 克
收藏者：刘牧知（摄影 刘博之）
备注：丰富细腻的熔流线，从顶部向四周扩散。

精品陨石鉴赏

陨石观察笔记

T
1CM
S

藏品名：超级定向子弹头
国际命名：taza（NWA859）
藏品重量：181.3 克
收藏者：刘牧知（摄影刘博之）
备注：漂亮的结晶锈，由于其独特的内部结构，被誉为上帝的钢铁。

藏品名：超级定向子弹头
国际命名：sikhote alin
藏品重量：45 克
收藏者：刘牧知（摄影刘博之）
备注：完美的空气动力学定向标本。

精品陨石鉴赏

陨石观察笔记

国际命名：NWA 14524
陨石类型：月球陨石（feldsp.breccia）
发现时间：2021 年
发现地点：摩洛哥
藏品重量：200 克
收藏者：王晨（IMCA 8609）

多个同类型陨石藏品
国际命名：Sikhote-Alin
陨石类型：铁陨石（IIAB）
坠落时间：1947 年
坠落地点：俄罗斯
收藏者：王晨（IMCA 8609）

精品陨石鉴赏

陨石观察笔记

国际命名：Millbillillie
陨石类型：无球粒陨石（Eucrite-mmict）
坠落时间：1960 年
坠落地点：澳大利亚
藏品重量：47.3 克
收藏者：王晨（IMCA8609）
备注：陨石表面带有澳大利亚荒原的红色土沁。

多种陨石藏品
陨石类型：铁陨石、普通球粒陨石、无球粒陨石等
收藏者：王晨（IMCA 8609）

精品陨石鉴赏

陨石观察笔记

藏品名：天降金蟾（沙漠金铁陨石）
陨石类型：铁陨石（单体）
发现时间：2022 年 3 月
发现地点：中国西藏日喀则岗巴县
是否目击：否
藏品重量：19.5 千克
收藏者：徐财商（中原陨石馆）

藏品名：穿山甲
陨石类型：铁陨石（单体）
发现时间：2023 年 6 月
发现地点：中国新疆吉木乃
是否目击：否
藏品重量：3159 克
收藏者：徐财商（中原陨石馆）

精品陨石鉴赏

陨石观察笔记

藏品名：送子观音
国际命名：Dronino
陨石类型：富镍铁陨石
发现地点：俄罗斯
藏品重量：100 千克
收藏者：徐财商（中原陨石馆）

藏品名：骑士
国际命名：Sikhote Alin
陨石类型：铁陨石（IIAB）
发现地：俄罗斯西伯利亚
是否目击：目击
藏品重量：6.98 千克
收藏者：徐财商（中原陨石馆）

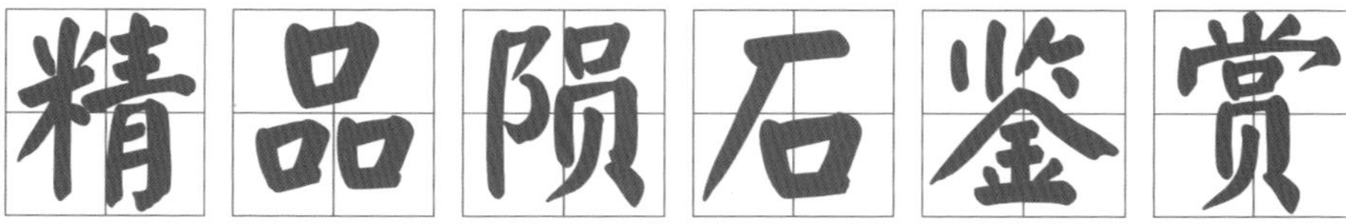
精品陨石鉴赏

陨石观察笔记

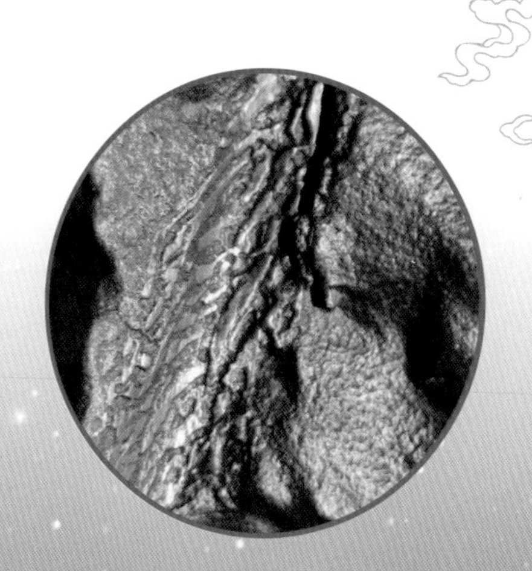

历经千百年风沙打磨，卡米尔铁陨石逐渐形成了一层像蜥蜴的皮一样的巧克力色风凌表皮，有些个体的局部表皮光滑发亮，同时其中的带状或点状陨磷铁镍矿物也被风沙打磨显露了出来，呈金色或银色，构成了卡米尔铁陨石的典型外表特征。

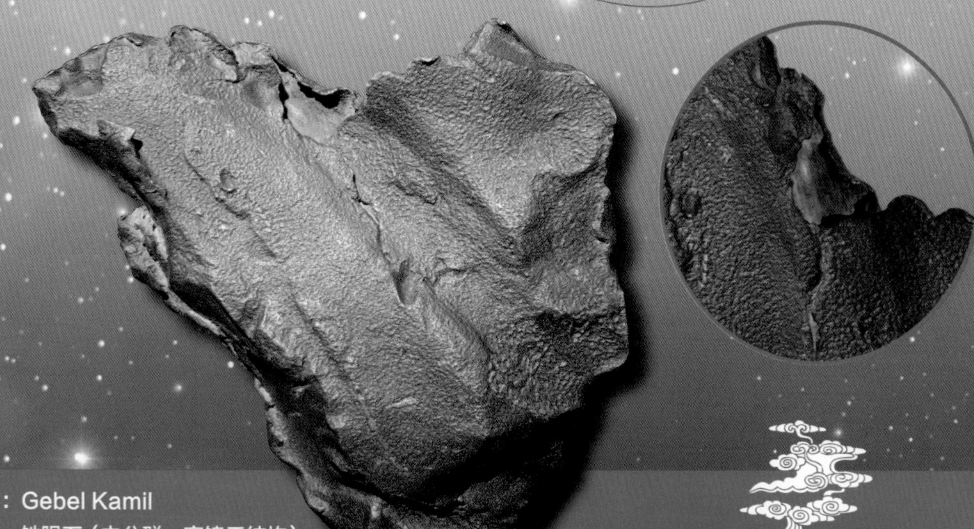

国际命名：Gebel Kamil
陨石类型：铁陨石（未分群，富镍无结构）
发现时间：2009 年
发现地点：埃及
藏品重量：2878 克
收藏者：潘祥

精品陨石鉴赏

陨石观察笔记

随城橄榄石石铁陨石，是美观性和稳定性一流的橄榄石石铁陨石品种，该品种橄榄分布密度有很大随机性。本藏品橄榄颗粒大、密度高、分布均匀且基本满绿，在该品种中很少见。

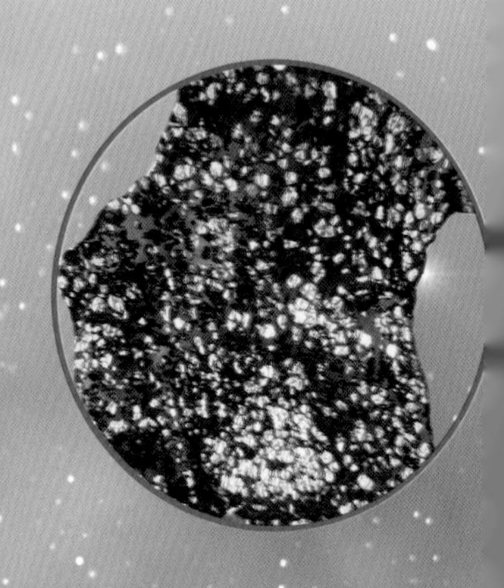

国际命名：Seymchan
陨石类型：橄榄石石铁陨石
发现时间：1967 年
发现地点：俄罗斯
藏品重量：6400 克
收藏者：潘祥

精品陨石鉴赏

陨石观察笔记

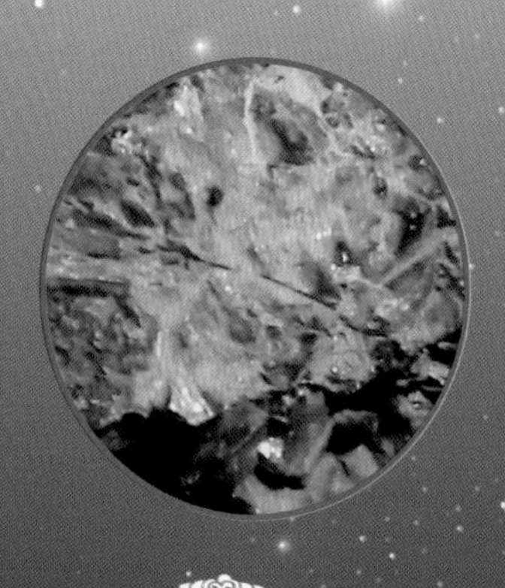

国际命名：奥马龙（Omolon）
陨石类型：橄榄石石铁陨石
陨落时间：1981 年 5 月 16 日
发现地点：俄罗斯马加丹（Magadan）地区。
藏品重量：28 克
收藏者：龚玉良

备注：1990 年陨石样本被送到苏联科学院。对其分类研究结果表明；内部含有较为复杂的磷酸盐、硫化物及其他物质的混合体，其金属部分类似于 IIIAB 型铁陨石。